Ajit K. Chaudhari
Swapnil S. Ghatge
Sachin W. Belsare

Experiências de criação de camarão com dietas incorporadas com extrato de mexilhão

Ajit K. Chaudhari
Swapnil S. Ghatge
Sachin W. Belsare

Experiências de criação de camarão com dietas incorporadas com extrato de mexilhão

ScienciaScripts

Imprint

Cover image: www.ingimage.com

This book is a translation from the original published under ISBN 978-3-659-79644-9.

Publisher:
Sciencia Scripts
is a trademark of
Dodo Books Indian Ocean Ltd. and OmniScriptum S.R.L publishing group

120 High Road, East Finchley, London, N2 9ED, United Kingdom
Str. Armeneasca 28/1, office 1, Chisinau MD-2012, Republic of Moldova, Europe
Managing Directors: Ieva Konstantinova, Victoria Ursu
info@omniscriptum.com

Printed at: see last page
ISBN: 978-620-8-38348-0

ÍNDICE DE CONTEÚDOS:

CAPÍTULO 1

INTRODUÇÃO

A Índia dispõe de vastos recursos de água doce. De acordo com estimativas recentes, o país dispõe de 2,85 milhões de hectares de pequenos tanques e lagos e 0,6 milhões de hectares de outras massas de água doce adequadas para a criação de peixes de água doce. As principais carpas indianas são o grupo dominante cultivado desde há várias décadas, enquanto o camarão de água doce é o segundo grupo mais importante nestas massas de água. Tendo em conta a diminuição das margens de lucro da cultura da carpa, os aquicultores passaram a dedicar-se à cultura do camarão de água doce nos últimos anos. Entre os camarões de água doce, embora existam mais de dez espécies no país, Macrobrachium rosenbergii é a espécie predominante cultivada na Índia.

O M. rosenbergii é vulgarmente conhecido como camarão gigante de água doce ou scampi. O camarão gigante de água doce tem hábitos noturnos, é omnívoro e alimenta-se no fundo, podendo ser encontrado escondido sob sombras e abrigos durante o dia. Está a ganhar popularidade entre os agricultores devido ao seu crescimento mais rápido, à fácil aceitação de uma dieta à base de plantas e de animais, à sua compatibilidade com as carpas, à capacidade de crescer em água doce e em águas pouco salinas (até 10 ppt) e aos bons mercados interno e de exportação (Melecha et al. 1981; Durairaj et al. 1992).

A M. rosenbergii é cultivada comercialmente em lagoas, lagos, reservatórios, zonas baixas e arrozais na Índia. Esta espécie pode ser cultivada isoladamente (monocultura) ou em combinação com carpas, tilápias e chanos (policultura). É também uma espécie adequada para incorporação na cultura de arroz e peixe.

Na Índia, foram cultivados 51 584 ha, dos quais cerca de 43 500 ha são cultivados, produzindo cerca de 43 000 toneladas de escamudo com uma produtividade de cerca de 1 000 kg/ha/ano (Bojan, 2006). O Andhra Pradesh contribui com 60% da produção total de escamudo, com uma produção média de 1,3 toneladas/ha (Bojan, 2003).

Maharashtra tem 0,3 milhões de hectares de área adequada para a criação de camarões de água doce. Os 50 000 ha de terras improdutivas de cana-de-açúcar salina no oeste de Maharashtra também podem ser utilizados para a criação de camarões (Lokare e Saifuddin, 2000). Atualmente, a maioria dos Estados como Punjab, Rajasthan, Gujarat, Bengala Ocidental, Madhya Pradesh e Orissa também estão interessados na criação de camarões.

A cultura do camarão até atingir um tamanho comercializável num curto período de tempo é conseguida através da utilização de promotores de crescimento e aditivos alimentares em dietas suplementares, uma vez que desempenham um papel importante na aceleração da eficiência alimentar e do crescimento do camarão e, por conseguinte, da produção. Atualmente, a alimentação é o item de custo mais elevado, pois constitui 40-60% do custo operacional da produção de M. rosenbergii (Mitra, 2005). Por conseguinte, é necessário desenvolver uma ração para obter um maior crescimento e rácios de conversão alimentar eficientes.

Neste contexto, a utilização de atractivos alimentares nas rações aquáticas tem recebido uma atenção considerável nos últimos anos (Polat e Bekievik, 1999). O objetivo da sua utilização é melhorar o consumo de ração e a eficiência alimentar, bem como minimizar o desperdício de ração e a poluição da água (Tandler et al. 1982). O atrativo alimentar ajuda os animais em crescimento nos sistemas de cultura a aproximarem-se da fonte de alimentação. A ingestão de alimentos e a continuação da alimentação podem ser estimuladas por estimulantes alimentares (Carr, 1978; Hara, 1992; Lee e Meyers, 1997; Mackie e Mitchell, 1985). A ingestão de alimentos e a taxa de crescimento foram aumentadas pela adição de atractivos e estimulantes alimentares às rações comerciais (Smith et al. 2005).

A maioria das substâncias que têm sido utilizadas como estimulantes da alimentação dos peixes pertence a um pequeno grupo de substâncias químicas que se encontram nos fluidos corporais e nos tecidos de organismos que são presas naturais. Os efectores de alimentação mais conhecidos são certos aminoácidos (taurina, glicina, arginina, ácido glutâmico e alanina), betaína, nucleótidos e ácidos orgânicos; não actuam isoladamente, mas geralmente em combinação com estes produtos químicos que provocam a resposta de alimentação. Estas substâncias são atualmente bem conhecidas na cultura de crustáceos para aumentar a palatabilidade dos alimentos, a ingestão de alimentos e o crescimento (Lee e Meyers, 1997). Felix e Sudharsan (2004) afirmaram que a capacidade de atração da glicina-betaína era evidente pelo melhor crescimento e maior consumo de ração registado pelos camarões alimentados com rações adicionadas de glicina-betaína em relação à ração de controlo.

Aminoácidos, nucleótidos e aminas quaternárias foram determinados a partir de extractos de mexilhão (Mytilus edulis) que se verificou serem mais eficazes na alimentação de crustáceos como o caranguejo, a lagosta e o camarão (Mackie, 1973; Carr, 1978). O extrato de mexilhão azul foi um estimulante alimentar eficaz na dieta da solha-das-pedras japonesa (Kikuchi et al. 2002). Os aminoácidos que actuam como estimulantes alimentares são a gilcina e o ácido glutâmico,
A alanina e a arginina estavam presentes em 302, 101, 80, 58 resíduos/1000 resíduos de aminoácidos, respetivamente, no colagénio do pé do mexilhão de água doce (Lamellidens sp.), tal como referido por Vasanthakumar et al. (1980).

Os camarões de água doce alimentados com a dieta Lamellidens foram utilizados com êxito na fase de viveiro do camarão, com 50-80% de sobrevivência dos juvenis. Observou-se que Lamellidens era um componente principal da alimentação para a produção de camarões de tamanho de mesa em cultura de crescimento (Janardhana Rao e Janki Ram, 1993).

O comportamento de procura de alimento de M. rosenbergii foi grandemente melhorado na presença de soluções aquosas de quimioatraentes infundidas na água (Harpaz, 1997).

Os mexilhões de água doce estão abundantemente disponíveis nos rios, reservatórios, lagoas, lagos, riachos e canais (Janki Ram e Tripathi, 1992). Os extractos de mexilhão de água doce foram preparados e utilizados como estímulo alimentar para pós-larvas de M. rosenbergii. O presente estudo foi realizado com os seguintes objectivos

1) Estudar o efeito do extrato de mexilhão de água doce da carne húmida e da carne assada incorporado nas dietas sobre o crescimento e a sobrevivência das pós-larvas de M. rosenbergii.
2) Estudar o efeito do extrato de mexilhão de água doce de dietas incorporadas com pó de carne seca no crescimento e sobrevivência de pós-larvas de M. rosenbergii.
3) Estudo bioenergético em M. rosenbergii alimentado com dietas incorporadas com extrato de mexilhão de água doce.
4) Estudar a atractibilidade de dietas incorporadas com extrato de mexilhão de água doce em M. rosenbergii.

CAPÍTULO 2

REVISÃO DA LITERATURA

A produção em cultura de M. rosenbergii está a expandir-se rapidamente na Ásia. A nutrição e a alimentação desempenham um papel vital no êxito da aquicultura. Os alimentos utilizados nas operações de cultura devem ser nutricionalmente adequados e economicamente viáveis para o sistema de cultura. A alimentação é o item de custo mais elevado, pois constitui 40-60% do custo operacional da produção de M. rosenbergii (Mitra, 2005). Por conseguinte, é necessário desenvolver alimentos com uma taxa de crescimento mais elevada e rácios de conversão alimentar eficientes.

O consumo de alimentos pelo animal depende também da atração e do estímulo dos alimentos. Natarajan et al. (2002) referiram que a palatabilidade e a aceitabilidade dos alimentos podem ser aumentadas através da inclusão de atractivos e estimulantes gustativos nos alimentos formulados. Os camarões têm quimiorreceptores distribuídos por todo o corpo que ajudam a procurar o alimento (Hindley, 1975). Uma vez que os crustáceos se alimentam de forma lenta e contínua, os atractivos na ração podem desempenhar um papel importante na sua natureza alimentar. Por conseguinte, a utilização de atractivos em alimentos formulados tornou-se importante para o êxito económico da cultura de crustáceos. Burke et al. (1997) sugeriram que os atractivos devem ser incluídos na alimentação para uma utilização óptima.

Um papel hierárquico dos estímulos químicos como moduladores do comportamento alimentar foi descrito por Dethier et al. (1960) e modificado por Lindstedt (1971) e Lee e Meyers (1996). Segundo estes autores, a resposta de um animal a um estímulo químico é subdividida em cinco fases: (1) Deteção: Durante a qual o animal toma consciência da presença de um estímulo químico (excitante); (2) Orientação: Durante a qual o animal se prepara para o movimento (atrativo, repelente ou arrestante); (3) Locomoção: Através da qual ocorre o movimento (atrativo ou repelente); (4) Início da alimentação: Durante o qual os animais começam a manipular e a consumir o alimento (incitante ou supressor); e (5) Continuação ou fim da alimentação: Durante o qual o animal se alimenta até ficar saciado (estimulante ou dissuasor). Os atractivos, os repelentes e os detentivos actuam normalmente à distância (olfato ou cheiro) e são detectáveis a baixas concentrações. Em contrapartida, os incitantes, os supressores, os estimulantes e os dissuasores funcionam por contacto direto da fonte com os quimiorreceptores (gustação ou paladar). Com base neste modelo, foi-lhes possível identificar um único produto químico que servia de atrativo à distância mas que suprimia a alimentação por contacto. Estas conclusões foram apoiadas por Zimmer-Faust (1989); Zimmer-Faust (1991); Costero e Meyers (1994) e Pittet et al. (1996).

Os crustáceos podem detetar compostos orgânicos, tais como aminoácidos, açúcares e nucleótidos, mesmo quando estão presentes em vestígios. Estes compostos não actuam isoladamente, mas geralmente as combinações destes produtos químicos provocam a resposta alimentar. Mackie (1973) referiu que os aminoácidos, os nucleótidos e as aminas quaternárias eram responsáveis pela atração dos extractos de mexilhão Mytilus edulis incorporados na dieta.

O comportamento alimentar das larvas e pós-larvas de M. rosenbergii foi estudado por Moller (1978) e foi sugerido que a captura de alimentos pelas larvas era uma questão de encontro fortuito. Em contrapartida, as pós-larvas utilizaram os sentidos visual, químico e reotático para a localização e captura de partículas de alimento.

Ache (1982) observou que a incorporação de certos aminoácidos nas dietas era considerada um estimulante alimentar para os crustáceos. Natarajan et al. (2002) referiram que a taurina apresenta um menor tempo de aproximação, enquanto o ácido glutâmico e a glicina apresentam um consumo de ração significativamente elevado em juvenis de P. monodon.

A aplicação de pequenas quantidades de estimulantes alimentares tem sido sugerida como uma forma de melhorar a palatabilidade das dietas formuladas, particularmente quando estão presentes ingredientes não palatáveis (Mackie e Mitchell, 1985; Hara, 1992; Toften et al. 1995; Toften e Jobling, 1997).

Os extractos de lula, camarão, krill, mexilhão e a mistura de compostos presentes nestes extractos estimulam o apetite de várias espécies marinhas e de salmonídeos (Mackie e Mitchell, 1985; Mearns et al. 1987; Hara, 1992). Vários estudos concluíram que os extractos de água ou de solvente de vísceras de peixes, bivalves e vermes são atractivos alimentares eficazes. Kickuchi et al. (2002) referiram que o extrato de mexilhão era um estimulante alimentar eficaz para a solha-das-pedras-japonesa.

Verificou-se que extractos inteiros ou fracções de extractos preparados a partir de tecidos de organismos de presas comuns estimulam a alimentação dos peixes (Carr e Darby, 1986; Carr et al. 1996). A análise desses extractos demonstrou que as substâncias químicas responsáveis pela estimulação da alimentação eram os aminoácidos, nomeadamente a glicina, a taurina, o ácido glutâmico, o ácido aspártico, a serina, a lisina, a prolina e a histidina.

Os efeitos da comunicação química e visual, da disponibilidade de espaço e da cor do substrato no crescimento dos juvenis de M. rosenbergii foram estudados por Juarez et al. (1987). Peso e comprimento médios dos camarões mantidos em densidades controladas no laboratório durante um período de seis semanas em compartimentos comuns e individuais com correntes de água unidireccionais constantes. A inibição do crescimento mediada por produtos químicos aumentou proporcionalmente ao número de camarões à frente de um determinado compartimento na corrente de água.

O comportamento de procura de alimento foi muito melhorado em M. rosenbergii quando uma solução aquosa de betaína foi infundida na água (Harpaz et al. 1987). Harpaz e Steiner (1990) referiram que a betaína é um poderoso atrativo e indutor de um comportamento alimentar reforçado em M. rosenbergii, especialmente a níveis tão baixos como 1 x 10^4 M.

Substâncias químicas de baixo peso molecular presentes nos tecidos de organismos presas foram observadas como estimulantes da alimentação no ambiente aquático (Carr, 1988).

Takii (1994) observou que a alanina, a glicina, a taurina e a betaína foram consideradas melhores para aumentar o apetite dos crustáceos e dos peixes.

Holland e Borski (1993) investigaram um bioensaio de palatabilidade para determinar os estímulos de ingestão no camarão marinho, P. vannamei. Para este estudo, desenvolveram discos de ágar para avaliar os estímulos quimiossensoriais que influenciam o comportamento ingestivo. Foram testados quatro extractos, nomeadamente de lula, alface-do-mar, cabeça de camarão e um extrato comercial de ração. Os autores referiram que o extrato de lula foi preferido em relação a concentrações iguais de extrato comercial de ração e em relação ao extrato de alface-do-mar, mas não em relação ao extrato de cabeça de camarão.

Toften et al. (1995) relataram o procedimento do extrato de lula que foi preparado a partir da lula, Loligo sp. O extrato de lula foi preparado misturando pó de farinha de lula com água destilada e a mistura foi então agitada durante 30 min. após aquecimento a 70°C. O homogenato foi então centrifugado (8275 g, 25 min.) e a fase aquosa superior, que contém substâncias de baixo peso molecular que podem servir de estimulantes, foi extraída e evaporada no vácuo até à secura. O pó do extrato de lula foi

depois armazenadas congeladas (-70°C) até serem necessárias. Toften e Jobling (1997a, b) seguiram o mesmo procedimento.

A avaliação de aminoácidos cristalinos, betaína e AMP como atractivos alimentares do camarão-tigre gigante (P. monodon) foi feita por Coman et al. (1996). Segundo estes autores, uma mistura equimolar de aminoácidos e betaína revelou-se um estimulante eficaz para o P. monodon a uma concentração superior a 10 super (-6) M.

Os quimio-atractores nas dietas foram usados como inclusão na ração antes do processamento, revestindo a ração imediatamente após o processamento, revestindo a ração ao lado do tanque antes da alimentação e adicionando os químicos como uma mistura separada ao tanque no momento da alimentação (Lee e Meyers, 1996). A adição de um extrato ou de um atrativo à ração preparada por pulverização de uma solução sobre os grânulos de ração foi investigada por alguns trabalhadores (Toften et al. 1995; Toften e Jobling, 1997a, b).

A dieta incorporada com betaína induziu um comportamento alimentar em juvenis de camarão de água doce, M. rosenbergii, resultando num aumento de 17% no crescimento (Harpaz, 1997).

Mendoza et al. (1997) verificaram que a passagem da fase de perceção para a fase de ingestão era particularmente rápida em dietas que continham aminas biogénicas, atractivos comerciais e extractos de lulas para M. rosenbergii. Estes atractivos foram adicionados sob a forma de um spray fino a uma dieta basal.

Kickuchi et al. (2002) relataram o procedimento de preparação do extrato de mexilhão do mexilhão azul, Mytilus galloprogincialis. Os mexilhões azuis vivos foram obtidos num mercado de peixe e armazenados a -50°C após a remoção das suas conchas. A carne congelada do mexilhão azul (20,7 kg) foi picada e moída até se tornar líquida, e extraída com quatro vezes o volume de água da torneira a 50°C durante 30 minutos e depois a 90°C durante 30 minutos. Os extractos brutos foram filtrados através de 35 mesh (425 μm) e concentrados por evaporador a vácuo à temperatura ambiente até um peso final de 7 kg e armazenados a -50°C até serem utilizados. Um kg do extrato foi feito a partir de 3 kg de carne azul fresca e consistiu em aproximadamente 0,5 kg de matéria seca.

Kikuchi et al. (2002) examinaram o efeito da inclusão na dieta de um extrato de mexilhão azul como estimulante alimentar para a solha-das-pedras-japonesa juvenil Paralichthys olivaceus. O peso corporal final, o ganho de peso, a eficiência alimentar, o rácio de eficiência proteica, o teor de lípidos brutos do corpo inteiro e a retenção de lípidos nas dietas que continham extractos de mexilhão azul foram significativamente mais elevados.

Hari e Kurup (2003) efectuaram uma experiência com a duração de 30 dias, utilizando níveis variáveis de proteínas na dieta de M. rosenbergii. Referiram que o nível de proteínas da dieta de 300 g kg^{-1} resultou numa boa FCR (2,84) e PER (1,21) em relação à dieta de controlo FCR (4,51) e PER (0,76). Chen e Chen (2003) trabalharam no efeito do pH sobre a sobrevivência, o crescimento, a muda e a alimentação de M. rosenbergii. Registaram uma sobrevivência máxima (100%) a pH 8,2 e uma sobrevivência mais baixa (88,9%) a pH 7,4 após 56 dias. Também referiram que a quantidade de alimentos consumidos pelos camarões diminuía com a diminuição dos níveis de pH e mencionaram o pH 7,4 como nível mínimo aceitável para uma melhor frequência de muda e alimentação.

Niu et al. (2003) relataram que a temperatura afecta significativamente o consumo de alimentos e o crescimento do camarão de água doce. A taxa de consumo de alimento a 33ºC (4,04 mg dia^{-1} ind^{-1}) foi mais elevada do que a 28ºC (3,36 mg dia^{-1} ind^{-1}) e 23ºC (2,14 mg dia^{-1} ind^{-1}). Também a eficiência de crescimento a 33ºC (10,34%) foi maior do que a 28ºC (9,05%) e 23ºC (7,74%).

Felix e Sudharsan (2004) realizaram uma experiência de alimentação para determinar o efeito do atrativo alimentar, glicina betaína (cloridrato de betaína), no crescimento e na conversão alimentar de juvenis de M. rosenbergii. Foram preparados três tipos de dietas com a incorporação de glicina betaína a 5, 10 e 15 g/kg, juntamente com um controlo não suplementado. Após 60 dias, entre as dietas com adição de glicina betaína, o camarão alimentado com o nível de 5 g/kg apresentou o maior ganho de peso, um aumento de 61,5% no crescimento em relação ao controlo e um maior consumo de ração (5,79 g) e uma boa FCR (2,12).

Huang et al. (2005) estudaram os efeitos de algumas dietas na atratividade e seletividade da dieta de Fenneropenaeus chinensis (camarão chinês) através de experiências de alimentação e observação comportamental. Experimentaram cinco dietas, nomeadamente carne de peixe (FF), carne de camarão (SF), pé de amêijoa (CF), verme poliqueta (PW) e dieta formulada (FD). Os resultados indicaram que todas as dietas naturais utilizadas eram mais atractivas do que a dieta formulada. Também foi afirmado que o camarão-chinês seleciona positivamente CF e PW, enquanto FF e SF foram selecionados negativamente e FD foi absolutamente excluído. Entre as quatro dietas naturais utilizadas, a CF foi ingerida com a maior proporção de mais de 44% do total de dietas ingeridas em termos de peso seco, proteína e energia.

Montemayor et al. (2005) tiveram como objetivo analisar diferentes moléculas naturais e extractos animais e vegetais como medida para justificar a sua posterior avaliação como quimioatractores, incitantes ou estimulantes da alimentação em dietas práticas para Litopenaeus vannamei. A metodologia foi dividida em três fases: 1) Bioensaios de quimiodetecção, 2) Bioensaios de quimioatracção e 3) Bioensaios de ingestão. Os tratamentos mostraram que os melhores desempenhos como atrativo e estimulante alimentar foram: Arginina (incluída a 0,255%), Cadaverina (incluída a 0,249%), extrato de coco (incluído a 1,25%) e caranguejo vermelho liofilizado (incluído a 0,298%). A utilização do atrativo aumentou o consumo de alimento 3 a 9 vezes.

Smith et al. (2005) estudaram a inclusão na formulação da ração de ingredientes que actuam como atractivos e incitantes ou estimulantes da alimentação e que foi proposta como um meio de aumentar o consumo de ração e o crescimento do camarão de viveiro. Foram avaliados quatro efetores de alimentação em um experimento de resposta de crescimento. Observou-se que a taxa de crescimento do camarão foi cerca de 20% mais rápida, o que também melhorou o consumo de ração nas rações que continham farinha de crustáceos ou farinha de krill.

O efeito da inclusão na dieta de extractos animais no crescimento, sobrevivência e parâmetros bioenergéticos foi avaliado por Shikhare (2007) para o camarão-tigre, P. monodon. Na experiência de crescimento I, 30 ml kg^{-1} de dietas de extrato de carne húmida de amêijoa e mexilhão e na experiência II mostraram que 60 ml kg^{-1} de dietas de extrato de carne seca de amêijoa e mexilhão foram significativamente superiores às restantes dietas para ganho de peso, ganho de comprimento e taxa de crescimento específico.

A taxa de sobrevivência não mostrou diferenças significativas entre as diferentes dietas em ambas as experiências. A experiência III e a experiência IV revelaram que o rácio de conversão alimentar (1,857 e 1,877), o rácio de eficiência proteica (1,252 e 1,145), a assimilação (0,303 e 0,294), a eficiência bruta de crescimento (53,86 e 53,29%), a eficiência de assimilação (95,07 e 92,07%), a taxa de conversão (0,0359 e 0,0355), o coeficiente de digestibilidade proteica (89,87 e 88.82%), coeficiente de digestibilidade dos lípidos (64,55 e 63,39%), energia digestível (1,30 e 1,296 $kcal^{-1}$), retenção aparente de proteínas (49,02 e 48,06) e retenção aparente de lípidos (27,18 e 25,72) de P. monodon alimentado com dietas de 30 ml kg^{-1} de extrato de carne húmida e 60 ml kg^{-1} de dietas de extrato de carne seca de amêijoa e mexilhão foram significativamente diferentes ($P<0,05$) da dieta de controlo. As dietas revestidas com 30 ml kg^{-1} de extrato de carne húmida de amêijoa e mexilhão observaram um aumento de 10% no ganho de peso do P. monodon em relação à dieta de controlo durante o período de estudo.

No entanto, não foi encontrado nenhum trabalho sobre a utilização de extrato de mexilhão de água doce (L. marginalis) para a criação de pós-larvas de M. rosenbergii. Por conseguinte, o presente estudo foi concebido para avaliar a utilidade destes extractos para aumentar a produção de M. rosenbergii.

CAPÍTULO 3

0 MATERIAIS E MÉTODOS

3.1. Animais de laboratório:

As pós-larvas de M. rosenbergii foram obtidas na incubadora da Marine Biological Research Station, Peth Killa, Ratnagiri, Maharashtra, Índia e foram mantidas em duas piscinas de plástico com 500 litros de capacidade e alimentadas com uma dieta comercial até as pós-larvas serem utilizadas para a experiência. Foram aclimatadas às condições de laboratório durante duas semanas. As pós-larvas foram alimentadas quatro vezes por dia, às 6.00, 12.00, 18.00 e 22.00 horas. A taxa de alimentação diária foi de 10% da biomassa do camarão. Todos os dias, o excesso de comida e as fezes eram retirados dos tanques de plástico e 40% da água de cultivo era trocada. O sistema de arejamento foi instalado em todos os tanques de plástico.

3.2. Dieta:

3.1.1. Dieta basal: A dieta comercial foi utilizada como dieta basal e tratada como dieta de controlo. O tamanho dos grânulos de ração era de 0,6-2,0 mm. A composição proximal da dieta basal é apresentada no Quadro 1.0.

3.1.2. Dietas experimentais:

As dietas experimentais foram preparadas através da pulverização de extrato de mexilhão de água doce na dieta basal (Toften et al. 1995; Mendoza et al. 1997; Toften e Jobling 1997a, b). O extrato de mexilhão de água doce foi preparado a partir de carne fresca húmida (FMEWM), carne assada (FMERM) e carne seca em pó (FMEDM). Os mexilhões de água doce vivos (Lamellidens marginalis) foram recolhidos na barragem de Khoste, Tal. Vikramgad, distrito de Thane (placa 1). O procedimento utilizado para a preparação de extractos de carne húmida de mexilhão de água doce, carne assada e carne seca em pó é descrito nas Figuras 1, 2 e 3, respetivamente. Estes procedimentos baseiam-se nos métodos descritos por Kikuchi et al. (2002) e Toften et al. (1995), respetivamente, e Shikhare (2007) com algumas modificações. As placas 2, 3 e 4 mostram os extractos de carne húmida de mexilhão de água doce, de carne assada e de carne seca em pó.

O FMEWM foi pulverizado a uma taxa de 20 ml, 30 ml e 40 ml kg^{-1} nos grânulos da dieta basal para preparar as dietas experimentais viz **FMEWM1**, FMEWM2 e FMEWM3, enquanto as dietas **FMERM1**, FMERM2 e FMERM3 foram preparadas pulverizando o FMERM com o mesmo concentrado que o FMEWM.

As dietas experimentais utilizadas na experiência-II, tais como **FMEDM1**, **FMEDM2**, **FMEDM3**, **FMEDM4**, FMEDM5 e FMEDM6, foram preparadas pulverizando o FMEDM a uma taxa de 20, 30, 40, 50, 60 e 70 ml kg^{-1} respetivamente. As composições proximais das dietas experimentais utilizadas nas experiências I e II são apresentadas nos quadros 2.0 e 3.0, respetivamente.

Quadro 1: Composição aproximada e energia bruta (base seca) da dieta basal

Parameters	Quantity
Moisture (%)	10.90
Crude protein (%)	32.52
Crude lipid (%)	3.47
Ash (%)	10.36
Carbohydrate* (%)	42.79

Gross energy** (Kcal/g)	396.46

*Hidratos de carbono = (100%) - [Humidade (%) + Proteínas brutas (%) + Lípidos brutos (%) + Cinzas (%)] (Woods e Aurand, 1977)

**Energia bruta = (Proteína bruta x 5,65) + (Lípido bruto x 9,5) + (Hidratos de carbono x 4,2) (El-Sayed, 1994)

Figura 1: Procedimento de preparação do extrato de mexilhão de água doce a partir de carne húmida:

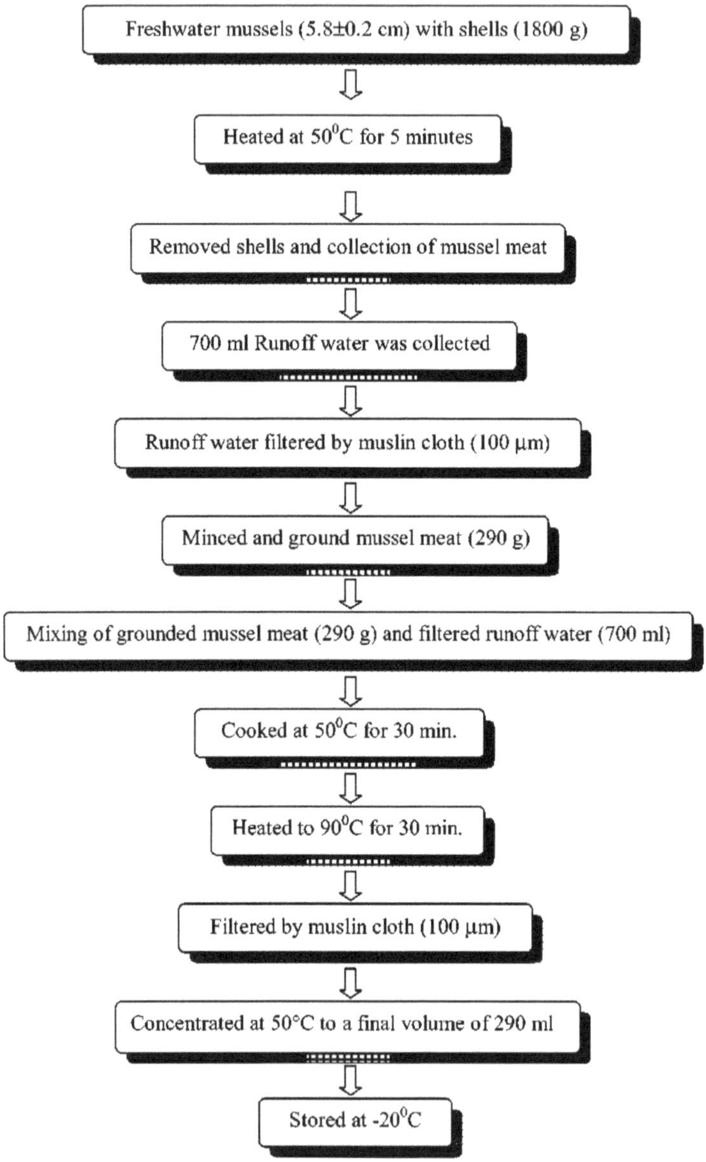

Figura 2: Processo de preparação do extrato de mexilhão de água doce a partir de carne assada:

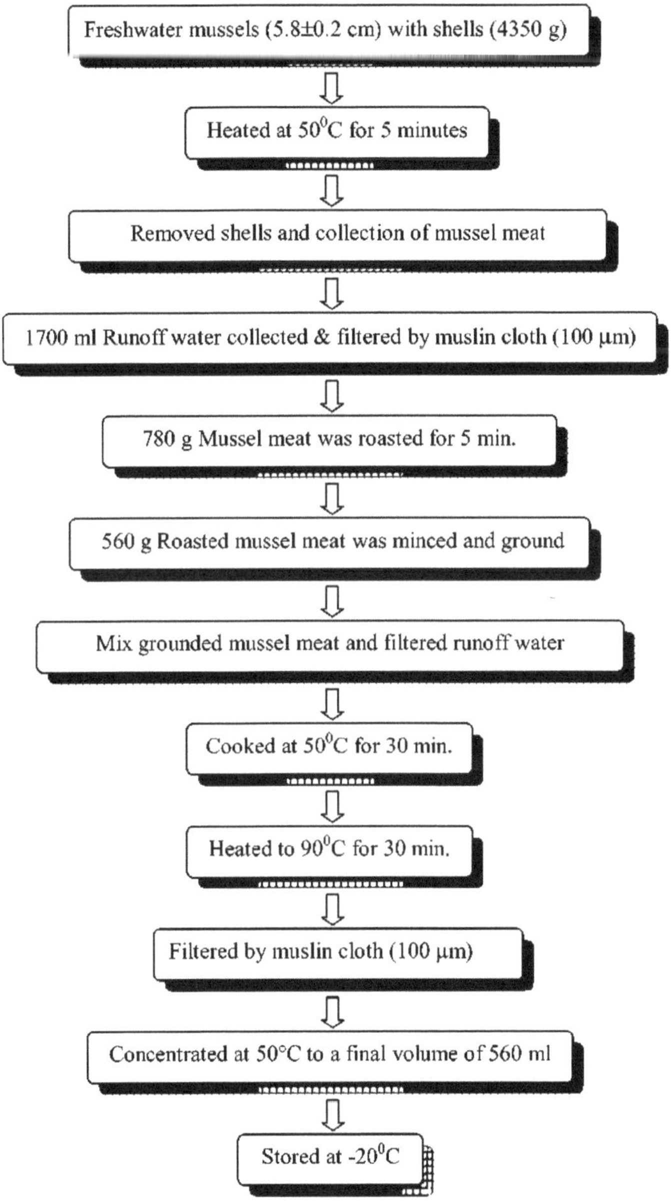

Placa 1: Mexilhão de água doce (Lamellidens marginalis)

Prato 2: Extrato preparado a partir de carne húmida de L. marginalis

Prato 3: Extrato preparado a partir de carne assada de L. marginalis

Figura 3: Processo de preparação do extrato de mexilhão de água doce a partir de pó de carne seca:

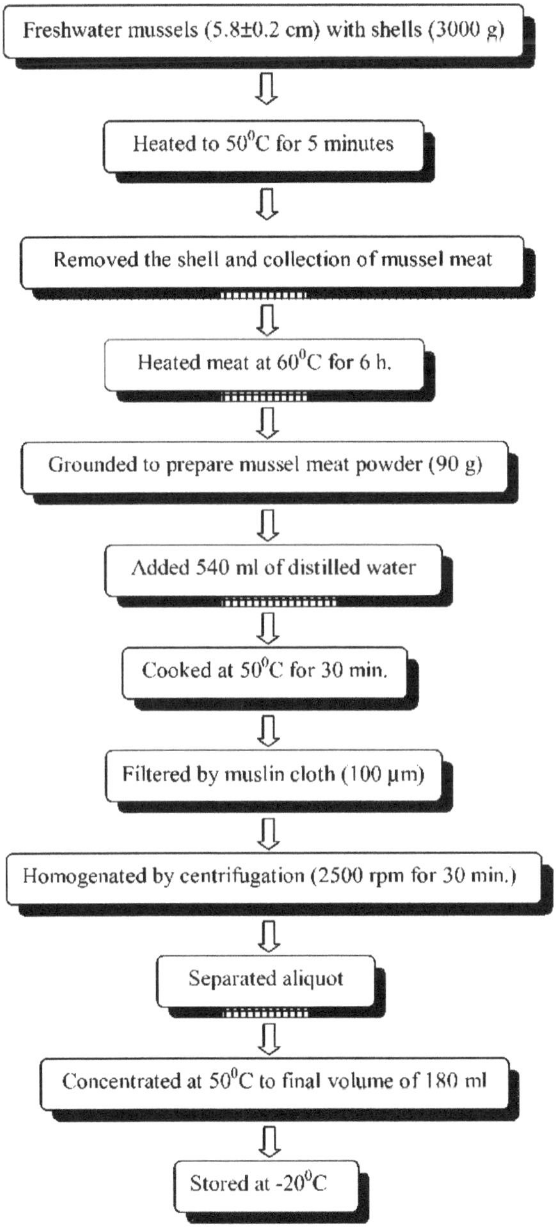

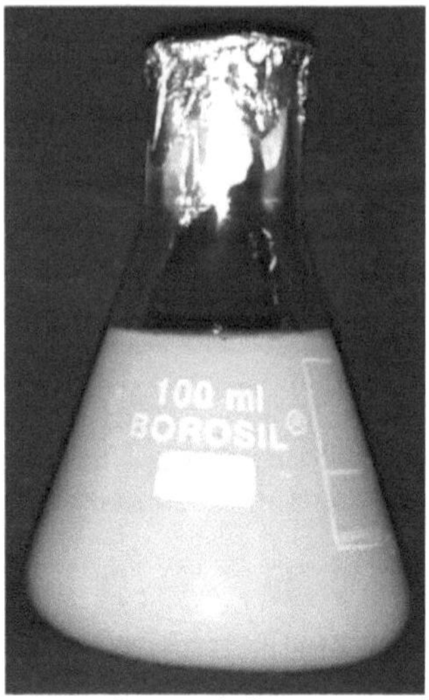

Prato 4: Extrato preparado a partir de carne seca de L. marginalis

3.2. Procedimento experimental:

3.3.1. Experiência I: Efeito do extrato de mexilhão de água doce de dietas com carne húmida e carne assada no crescimento e sobrevivência de pós-larvas de M. rosenbergii.

A experiência foi efectuada durante 70 dias no laboratório do Departamento de Aquicultura, na Faculdade de Pescas, Ratnagiri. A experiência foi efectuada em recipientes de plástico circulares com 54 litros de capacidade. Os recipientes de plástico foram dispostos de acordo com um projeto completamente aleatório com três réplicas para cada dieta. Cada cuba circular de plástico foi cheia com 50 litros de água doce filtrada. Em cada cuba foram colocados pequenos pedaços de tubos de PVC como abrigos para evitar o canibalismo entre os animais experimentais. Cada cuba foi também coberta com uma rede de nylon com uma malha de 12 mm para evitar a fuga dos camarões da cuba. As pós-larvas de M. rosenbergii com um comprimento inicial médio de 2,23+0,04 cm e um peso inicial médio de 0,0746+0,004 g foram colocadas aleatoriamente em cuba experimental a 20 PL .$^{-1}$

Tabela 2.0: Composição aproximada e energia bruta (base seca) de dietas experimentais preparadas com extractos de mexilhão de água doce de carne húmida e assada

Sr. No.	Parameters	Experimental Diets					
		FME WM_1	FME WM_2	FME WM_3	FME RM_1	FME MR_2	FME RM_3
1	Moisture (%)	10.94	10.83	11.04	10.96	11.00	11.04
2	Crude Protein (%)	32.78	33.18	33.62	32.92	33.34	33.90
3	Crude Lipid (%)	03.58	3.53	03.69	03.52	03.56	03.61
4	Ash (%)	10.32	10.52	10.31	10.34	10.33	10.33
5	Carbohydrate* (%)	42.38	39.08	41.37	42.27	41.75	41.11
6	Gross energy** (kcal g^{-1})	397.22	401.26	398.76	396.97	397.54	398.50

*Hidratos de carbono = (100%) - [Humidade (%) + Proteínas brutas (%) + Lípidos brutos (%) + Cinzas (%)] (Woods e Aurand, 1977)
**Energia bruta = (Proteína bruta x 5,65) + (Lípido bruto x 9,5) + (Hidratos de carbono x 4,2) (El - Sayed, 1994)

Tabela 3.0: Composição aproximada e energia bruta (base seca) das dietas experimentais preparadas com extrato de mexilhão de água doce a partir de carne seca em pó

Sr. No.	Parameters	Experimental Diets					
		FME DM_1	FME DM_2	FME DM_3	FME DM_4	FME DM_5	FME DM_6
1	Moisture (%)	10.92	10.97	11.02	10.93	10.84	11.03
2	Crude Protein (%)	32.86	33.37	33.72	32.97	33.94	34.18
3	Crude Lipid (%)	03.64	03.68	03.73	03.57	3.58	03.66
4	Ash (%)	10.34	10.32	10.33	10.33	10.52	10.30
5	Carbohydrate* (%)	42.24	41.66	41.20	42.20	39.40	40.83
6	Gross energy** (kcal g^{-1})	397.65	398.47	399.00	397.44	400.98	399.38

*Hidratos de carbono = (100%) - [Humidade (%) + Proteínas brutas (%) + Lípidos brutos (%) + Cinzas (%)] (Woods e Aurand, 1977)
**Energia bruta = (Proteína bruta x 5,65) + (Lípido bruto x 9,5) + (Hidratos de carbono x 4,2) (El - Sayed, 1994)

A ração alimentar era de 10% da biomassa do camarão, distribuída equitativamente e fornecida às 06:00, 10:00, 18:00 e 22:00 horas por dia. A ração não consumida e o material fecal eram removidos diariamente às 08:30 horas e 50% da água era trocada por água fresca todos os dias (Hari e Kurup, 2003). A troca completa de água foi efectuada uma vez por semana. Num intervalo de uma semana, os camarões foram pesados a granel para determinar o ganho de peso médio e a ração alimentar foi ajustada em conformidade.

3.3.2Experimento II: Efeito do extrato de mexilhão de água doce de dietas incorporadas com pó de carne seca no crescimento e sobrevivência de pós-larvas de M. rosenbergii.

As pós-larvas de M. rosenbergii com um comprimento inicial médio de 2,21±0,01 cm e um peso inicial médio de 0,0787±0,001 g foram colocadas aleatoriamente em tubos experimentais a 20 PL tub^{-1} . Os outros procedimentos experimentais foram semelhantes aos da experiência I.

3.3. 3Crescimento e sobrevivência:

No início da experiência, as pós-larvas de M. rosenbergii foram pesadas com uma balança eletrónica (Sartorius AG GOTTINGEN, Max. 210g Min. 0.1g), depois de retirado o excesso de água com a ajuda de papel absorvente. Ao mesmo tempo, o comprimento inicial das pós-larvas de M. rosenbergii foi registado individualmente com uma balança metálica (min. 0,5 mm). As observações sobre o comprimento, o peso e a sobrevivência foram registadas semanalmente e os dados assim registados foram utilizados para a análise do crescimento e da sobrevivência. O ganho de comprimento (%), o ganho de peso (%), a taxa de crescimento específico (%) e a taxa de sobrevivência (%) foram calculados da seguinte forma

$$\text{Weight gain (\%)} = \frac{(\text{Final weight} - \text{Initial weight})}{\text{Initial weight}} \times 100$$

$$\text{Length gain (\%)} = \frac{(\text{Final length} - \text{Initial length})}{\text{Initial length}} \times 100$$

$$\text{Specific growth rate} = \frac{(\ln \text{final weight} - \ln \text{initial weight})}{\text{Days}} \times 100$$

$$\text{Survival (\%)} = \frac{\text{Final count}}{\text{Initial count}} \times 100$$

3.3.4Experimento III: Estudo bioenergético em M. rosenbergii alimentado com dietas incorporadas com extrato de mexilhão de água doce.

A experiência foi conduzida utilizando as dietas experimentais para avaliar os parâmetros bioenergéticos, tais como o rácio de conversão alimentar, o rácio de eficiência proteica, a assimilação, a eficiência bruta de crescimento, a eficiência de assimilação, a taxa de crescimento relativo, o coeficiente de digestibilidade proteica, a retenção proteica aparente e a retenção lipídica aparente.

M. rosenbergii com um comprimento inicial médio de 3,78+0,07 cm e um peso inicial médio de 0,3844+0,016 foram colocados em recipientes de plástico circulares. Cada cuba de 54 litros de capacidade com uma área de base de 0,18m^2 foi enchida com 50 litros de água doce. O M. rosenbergii foi colocado aleatoriamente nas cubas experimentais à razão de 15 camarões por cuba. A experiência foi efectuada em triplicado durante 15 dias. Os camarões foram alimentados com quatro rações por dia (aproximadamente 06:00, 11:00, 17:00 e 22:00 horas) à razão de 10% do peso corporal total (Vasagam e Balasubramanian, 2005). A ração foi oferecida num petrídeo, que foi imerso na banheira. Após duas horas de cada alimentação, o petrídeo foi cuidadosamente retirado da água e a ração não consumida foi registada. As fezes foram recolhidas antes da alimentação, através de uma sifonagem da água no pano de musselina, às 08:30 horas. As fezes recolhidas e a ração não consumida foram secas a 60^0 C numa estufa até se atingir um peso constante. O material fecal seco e a ração não consumida de cada cuba foram mantidos em recipientes herméticos separadamente (de acordo com o tratamento) e armazenados a -20^0 C no frigorífico para análise posterior.

3.3.4. 1Observações

O comprimento inicial e final, bem como o peso de cada indivíduo de M. rosenbergii, foram registados após terem sido cobertos com papel absorvente. Os seguintes parâmetros bioenergéticos foram calculados de acordo com a fórmula dada por Sawant et al. (2003).

1) Peso médio (W) = $\frac{\text{Initial weight } (W_1) + \text{Final weight } (W_2)}{2}$

2) Produção (P) = W2 - Wi

3) Consumo (C) = Quantidade de alimento dado (a) - Resto de alimento (b)

4) Assimilação (A) = Consumo (C) - Produção fecal (F)

5) Eficiência de assimilação = A/C x 100

6) Eficiência bruta de crescimento (Ki) = P/C x 100

7) Taxa de crescimento relativo = (P/W)/dias

8) Rácio de eficiência proteica = $\frac{\text{Production}}{\text{Dry protein consumed}}$

9) Coeficiente de digestibilidade das proteínas = $\frac{\text{Protein in feed} - \text{Protein in faeces}}{\text{Protein in feed}} \times 100$

10) Retenção aparente de proteínas = $\frac{P_2 - P_1}{P_i}$

Onde,P2 = Proteína no peixe no final da experiência

Pi = Proteína no peixe no início da experiência

Pi = Consumo de proteínas durante a experiência

11) Retenção aparente de lípidos = $\frac{L_2 - L_1}{L_i}$

Onde, L2 = Lípidos nos peixes no final da experiência

Li = Lípidos no peixe no início da experiência

Li = Consumo de lípidos durante a experiência

3.3.4.2 **Análise química**:

As amostras experimentais de alimentos para animais e de fezes foram finamente trituradas antes da análise. A humidade foi calculada por análise gravimétrica após secagem em estufa até peso constante a 105^0 C (AOAC, 1995). O teor de azoto foi obtido pelo método Micro-Kjeldahl, utilizando cobre e selénio como catalisadores (AOAC, 1995). A proteína foi calculada multiplicando o teor de azoto por uma constante de 6,25. O teor de lípidos brutos foi determinado por extração Soxhlet com éter de petróleo (bp 40-60^0 C) durante seis horas (AOAC, 1995). O teor de cinzas foi determinado gravimetricamente por queima em forno de mufla a 550^0 C durante 6 horas (AOAC, 1995). Os hidratos de carbono foram calculados pelo método do resto (Woods e Aurand, 1977). A energia bruta em cada uma das dietas foi calculada utilizando factores de conversão, ou seja, proteína x 5,65, gordura x 9,5, hidratos de carbono x 4,2 (El - Sayed, 1994). As fezes também foram analisadas quanto à sua composição proximal, de acordo com o método padrão indicado na AOAC (1995).

3.3.1.1.1. Análise de carcaças

No início das experiências, foi selecionado aleatoriamente um subconjunto de animais que não estavam armazenados nas cubas experimentais, mas que provinham do mesmo lote que os animais experimentais, bem como animais após o termo das experiências, para análises químicas do corpo inteiro. As amostras de corpo inteiro de cada tratamento foram agrupadas e picadas. A composição proximal do corpo inteiro do camarão foi determinada utilizando o método padrão (AOAC, 1995).

3.3.5 Parâmetros de qualidade da água

Os parâmetros da água, como a temperatura e o pH, foram registados diariamente. O oxigénio dissolvido, o dióxido de carbono e a alcalinidade foram medidos inicialmente e depois a intervalos semanais, enquanto o amoníaco, o nitrito e o nitrato foram medidos inicialmente e depois (APHA, 1998; Boyd, 1982) e antes da substituição semanal de 100% da água das cubas. 3.3.6 Análise estatística:

As experiências foram concebidas de acordo com o modelo completamente aleatório com três réplicas para as quatro experiências. Foi calculado o erro padrão do peso médio, do comprimento e da percentagem de sobrevivência do M. rosenbergii para cada réplica. Os dados obtidos nas experiências de alimentação para os parâmetros de crescimento e sobrevivência foram analisados por ANOVA de uma via, considerando todos os grupos como tratamentos. Sempre que o teste da diferença mínima significativa (LSD) foi aplicado para determinar diferenças significativas entre as médias dos tratamentos ao nível de significância de 5% (P<0,05). Os declives entre os tratamentos foram comparados pela ANCOVA (Snedecor e Cochran 1967; Zar, 2004).

3.3.7Experimento IV: Atractibilidade dos extractos de mexilhão de água doce incorporados na dieta de M. rosenbergii.

Esta experiência foi realizada de acordo com o método apresentado por Huang et al. (2005) com algumas modificações. A melhor dieta da experiência I (**FMEWM2**) e da experiência II (**FMEDM5**) foi utilizada em ensaios de atractibilidade com M. rosenbergii de (0,71-1,26 gm).

Antes de iniciar os estudos de atractibilidade, os camarões passaram fome durante 72 horas. O ensaio de atractibilidade foi efectuado utilizando um aquário de vidro. Configuração do aquário utilizado nos ensaios de atractibilidade. Durante cada sessão, a água não foi trocada para evitar a influência da reotaxia na orientação dos animais em direção à fonte de alimento. Cada dieta experimental selecionada foi comparada com a dieta de controlo. Para cada observação, foram comparadas duas dietas, que foram oferecidas separadamente em quantidades semelhantes. Para cada teste, foi utilizado um espécime diferente. Se nenhuma dieta fosse detectada num prazo de 5 minutos, o ensaio era terminado e o animal era substituído. Após cada ensaio, a água do tanque foi substituída por água doce filtrada nova.

Quando o consumo da dieta experimental foi observado pelo M. rosenbergii, foi assinalado como uma escolha positiva. A percentagem de escolhas positivas e de rejeições para cada dieta testada em relação à dieta de controlo foi calculada de acordo com as seguintes expressões

$$\text{Positive choice (\%)} = \frac{\text{Total number of positive choices}}{\text{Total number of comparsions}} \times 100$$

$$\text{Rejection choice (\%)} = \frac{\text{Total number of rejections}}{\text{Total number of comparsions}} \times 100$$

Os dados positivos e de rejeição derivados das comparações entre as dietas foram analisados com recurso à análise do teste do Qui-quadrado.

CAPÍTULO 4

RESULTADOS

4.1.EXPERIMENTAÇÃO - I

Efeito do extrato de mexilhão de água doce de dietas incorporadas com carne húmida e carne assada no crescimento e sobrevivência de pós-larvas de M. rosenbergii.

4.1.1. Ganho de comprimento

O comprimento inicial médio, o comprimento final e o ganho de comprimento das pós-larvas de M. rosenbergii são apresentados na Tabela 4.0. O ganho máximo de comprimento registado foi de 65,20% e o ganho mínimo de comprimento observado foi de 45,19% na dieta FMEWM2 e Controlo, respetivamente (Fig. 4).

A ANOVA de uma via revelou uma diferença significativa (P<0,05) entre os tratamentos dietéticos (Tabela 4.1). A análise da diferença mínima significativa (LSD) mostrou que os camarões alimentados com as dietas FMEWM2 e FMERM2 tiveram um ganho médio de comprimento significativamente maior (P<0,05) no final da experiência do que os alimentados com as dietas controlo, **FMEWM1**, FMEWM3**,** FMERM1 e FMERM3, mas não foi encontrada nenhuma diferença significativa nas dietas FMEWM2 e FMERM2 (Tabela 4.2).

A relação entre o ganho de comprimento (y) e o período de criação (x) do camarão alimentado com diferentes dietas está representada na Fig. 5. As equações registadas foram y=1,97+0,729x (r=0,980), y=2,07+0,918x (r=0,989), y=0,68+0,727x (r=0,985), y=0,87+0,738x (r=0,983), y=1,52+0,895x (r=0.973), y=1,87+0,793 x (r=0,994) e y=0,22+0,629 x (r=0,985) para as dietas **FMEWM1**, FMEWM2**,** FMEWM3**, FMERM1**, **FMERM2**, FMERM3 e controlo, respetivamente. A ANCOVA foi aplicada para comparar os declives e foi observada uma diferença significativa (P<0,05).

Tabela 4.0 Comprimento inicial médio, comprimento final e ganho de comprimento de pós-larvas de M. rosenbergii alimentadas com diferentes dietas durante 70 dias

Parameters	Diets						
	FME WM_1	FME WM_2	FME WM_3	FME RM_1	FME RM_2	FME RM_3	Control
Initial length (cm)	2.27 (±0.04)	2.27 (±0.05)	2.28 (±0.05)	2.21 (±0.05)	2.18 (±0.05)	2.20 (±0.05)	2.25 (±0.04)
Final length (cm)	3.47 (±0.09)	3.75 (±0.12)	3.44 (±0.07)	3.36 (±0.07)	3.56 (±0.09)	3.39 (±0.09)	3.26 (±0.07)
Length gain (%)	53.12 (±0.87)	65.20 (±4.08)	51.17 (±2.75)	52.42 (±3.93)	62.94 (±5.15)	54.87 (±1.04)	45.19 (±1.80)

(Os valores entre parênteses são ± E.S.)

Tabela 4.1 Tabela ANOVA para o ganho de comprimento de M. rosenbergii alimentado com dietas durante 70 dias

Source of Variation	Sum of Squares	Degree of Freedom	Mean Square	F Value
Total	1291.7821	20		

Diets	864.4665	6	144.0777	4.72037*
Error	427.3156	14	30.5225	

* Significativo (P<0,05)

Tabela 4.2 Classificação de acordo com o ganho médio de comprimento (LSD = 9,6759)

Rank	7	6	5	4	3	2	1
Diets	FME WM_2	FME RM_2	FME RM_3	FME WM_1	FME RM_1	FME WM_3	Control
Length gain (%)	65.20^{a}	62.94^{ab}	54.87^{c}	53.12^{c}	52.42^{c}	51.17^{c}	45.19^{c}

a, b, c: As médias com diferentes sobrescritos são estatisticamente diferentes (P<0,05)

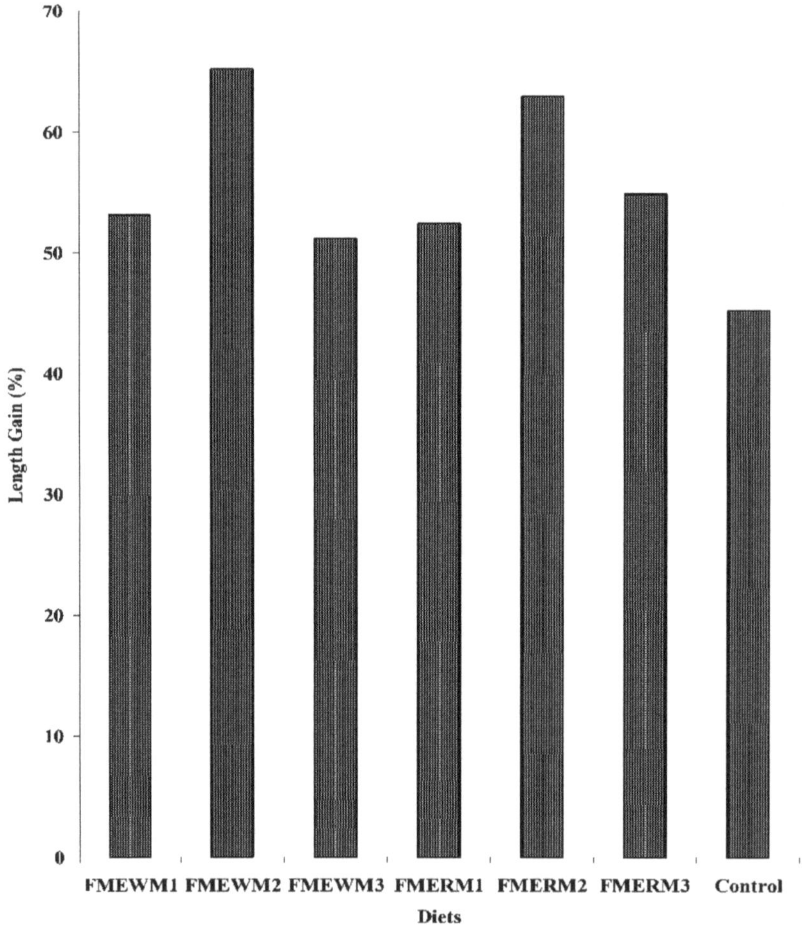

Fig. 4: Ganho médio de comprimento das pós-larvas de M. rosenbergii alimentadas com diferentes dietas durante 70 dias

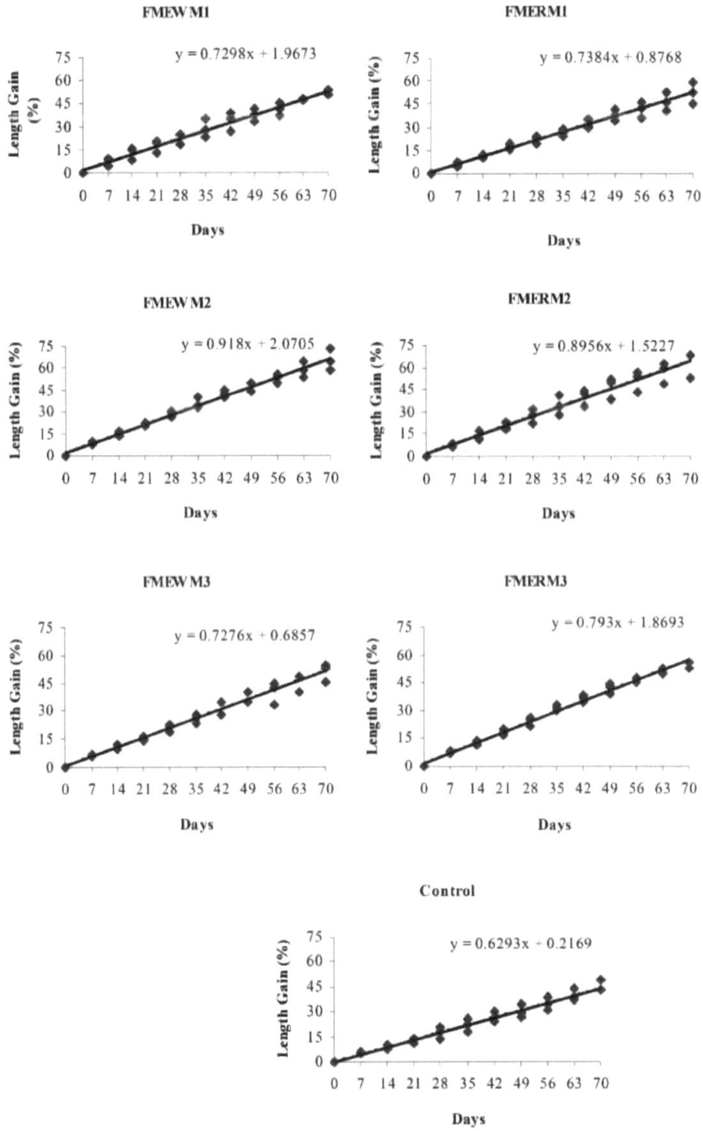

Fig. 5: Relação entre o ganho de comprimento e o período de criação de pós-larvas de M. rosenbergii alimentadas com diferentes dietas durante 70 dias

4.1.2. Aumento de peso

A Tabela 5.0 mostra o peso inicial médio, o peso final e o ganho de peso das pós-larvas de M. rosenbergii criadas durante 70 dias. O maior ganho de peso observado foi de 427,96 % na dieta alimentada com FMEWM2 e o menor ganho de peso registado foi de 250,50 % na dieta de controlo (Fig. 6).

A tabela ANOVA mostrou diferença significativa (P<0,05) entre as dietas para o ganho de peso de M. rosenbergii após 70 dias (Tabela 5.1). Os valores médios de ganho de peso foram comparados pelo teste LSD (Tabela 5.2). Isso indicou que o ganho de peso de M. rosenbergii alimentado com as dietas FMEWM2 e FMERM2 foram significativamente diferentes (P<0,05) de todas as outras dietas, mas nenhuma diferença significativa (P>0,05) foi encontrada entre FMEWM2 e **FMERM2**.

A relação entre o ganho de peso (y) e o período de criação (x) de M. rosenbergii alimentado com diferentes dietas é apresentada na Fig. 7. As equações calculadas foram y=1,68+4,561x (r=0,995), y=9,77+6,016x (r=0,975), y=-12,53+4,412x (r=0,984), y=-9,03+3,98x (r=0,986), y=0,53+5,487x (r=0.971), y=-6.92+4.224x (r=0.987) e y=-10.97+3.604x (r=0.994) para o **FMEWM1**, FMEWM2, **FMEWM3**, **FMERM1**, FMERM2, FMERM3 e dieta de controlo, respetivamente. A ANCOVA foi aplicada para comparar os declives e foi observada uma diferença significativa (P<0,05).

Tabela 5.0 Peso inicial médio, peso final e ganho de peso de pós-larvas de M. rosenbergii alimentadas com diferentes dietas durante 70 dias

Parameters	Diets						
	FME WM_1	FME WM_2	FME WM_3	FME RM_1	FME RM_2	FME RM_3	Control
Initial weight (g)	0.076 (±0.004)	0.079 (±0.004)	0.074 (±0.005)	0.071 (±0.004)	0.072 (±0.004)	0.076 (±0.004)	0.074 (±0.004)
Final weight (g)	0.320 (±0.019)	0.418 (±0.030)	0.315 (±0.016)	0.272 (±0.019)	0.355 (±0.026)	0.318 (±0.020)	0.258 (±0.015)
Weight gain (%)	322.89 (±7.82)	427.96 (±28.40)	314.13 (±16.38)	284.33 (±18.09)	391.90 (±34.56)	303.83 (±15.10)	250.50 (±2.19)

(Os valores entre parênteses são ± E.S.)

Tabela 5.1 Tabela ANOVA para o aumento de peso de M. rosenbergii alimentado com dietas durante 70 dias

Source of Variation	Sum of Squares	Degree of Freedom	Mean Square	F Value
Total	85715.7323	20		
Diets	68375.4542	6	11395.9090	9.2007*
Error	17340.2781	14	1238.5913	

* Significativo (P<0,05)

Tabela 5.2 Classificação de acordo com o ganho de peso médio (LSD = 61,6376)

Rank	7	6	5	4	3	2	1
Diets	FME WM_2	FME RM_2	FME WM_1	FME WM_3	FME RM_3	FME RM_1	Control
Weight Gain (%)	427.96^{a}	391.90^{ab}	322.89^{bc}	314.13^{bc}	303.83^{cd}	284.33^{cd}	250.50^{cd}

a, b, c, d, e, f: As médias com diferentes sobrescritos são estatisticamente diferentes (P<0,05)

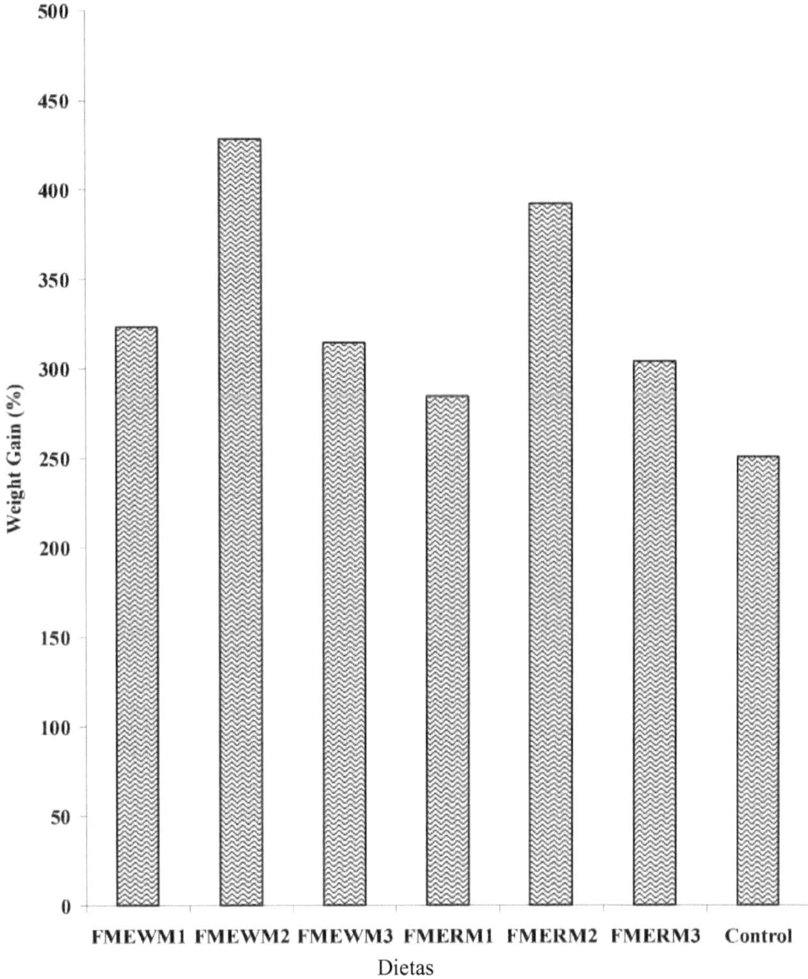

Fig. 6: Ganho de peso médio das pós-larvas de M.rosenbergii alimentadas com diferentes dietas durante 70 dias

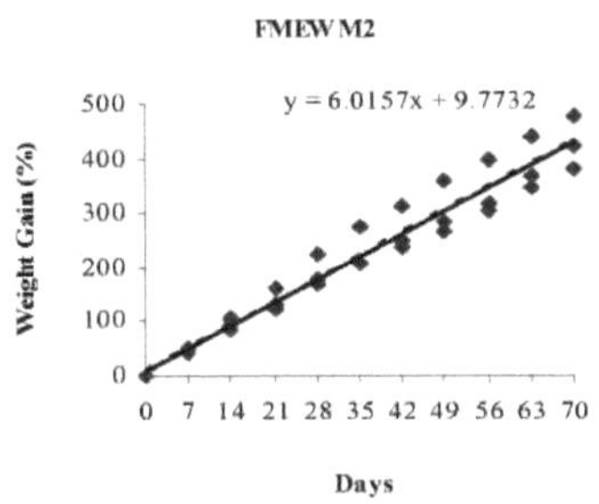

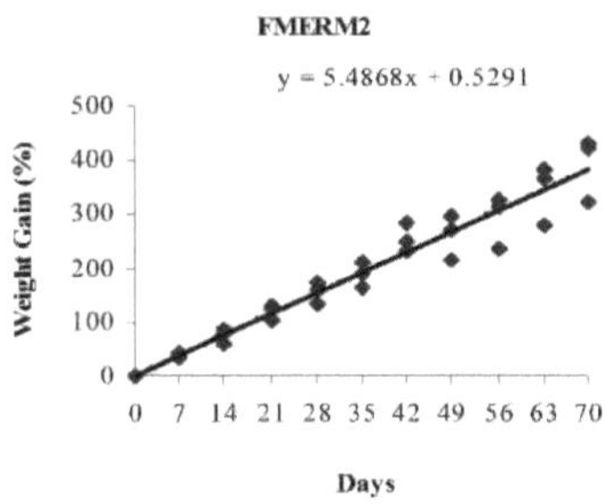

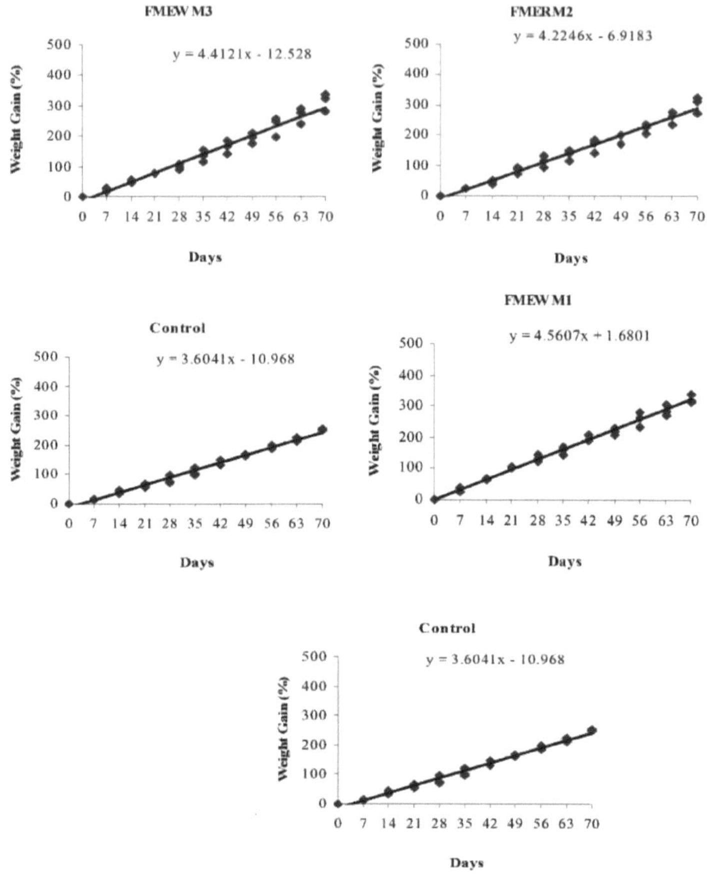

Fig. 7: Relação entre o aumento de peso e o período de criação de M. Rosenbergii alimentado com diferentes dietas durante 70 dias

4.1.3. Taxa de crescimento específica

A taxa média de crescimento específico (SGR) é apresentada na Tabela 6.0. Foi registada uma taxa de crescimento específico elevada (2,3728%) na dieta FMEWM2 e uma taxa de crescimento específico baixa (1,7916%) na dieta de controlo (Fig. 8).

A análise estatística do teste LSD mostrou diferenças significativas ($P<0,05$) entre as dietas (Tabela 6.1 e 6.2). A análise LSD revelou que a taxa de crescimento específico das pós-larvas de M. rosenbergii alimentadas com as dietas $FMEWM_2$ e $FMERM_2$ foi significativamente diferente ($P<0,05$) das restantes dietas. A taxa de crescimento específico dos camarões alimentados com a dieta de controlo foi significativamente mais baixa ($P<0,05$) do que as dietas **FMEWM1**, **FMEWM3**, FMERM1 e FMERM3.

4.1.4. Sobrevivência

A taxa média de sobrevivência de pós-larvas de M. rosenbergii alimentadas com diferentes dietas é apresentada no quadro 7.0. No final dos 70 dias, a taxa média de sobrevivência variou entre 76,67 %

e 86,67 % nos diferentes tratamentos (Fig. 9). A sobrevivência máxima de 86,67 % foi registada na dieta FMEWM2 e a sobrevivência mínima de 76,67 % foi registada nas dietas FMERM1 e FMERM3. A tabela ANOVA de uma via indicou que as dietas testadas não influenciaram (P>0,05) a taxa de sobrevivência (Tabela 7.1).

4.1.5. Parâmetros de qualidade da água

Durante o período experimental, a temperatura da água variou entre 26.20 e 27.50^0 C, o pH entre 7.79 e 8.10, o oxigénio dissolvido (OD) entre 5.53 e 5.90 mg litro^{-1} , o dióxido de carbono (**CO2**) entre 0.64 e 0.98 mg litro^{-1} , a dureza entre 99.96 a 105,64 mg litro^{-1} , alcalinidade total entre 26,32 e 29,42 mg litro^{-1} , amoníaco varia entre 0,07 e 0,08 mg litro^{-1} , nitrito entre 0,15 e 0,32 mg litro^{-1} e nitrato entre 0,51 e 0,88 mg litro^{-1} (Tabela 13.0). Os parâmetros de qualidade da água estavam dentro dos limites permitidos e não registaram qualquer variação notável.

Tabela 6.0 Taxa média de crescimento específico de pós-larvas de M. rosenbergii alimentadas com diferentes dietas durante 70 dias

Parameters	Diets						
	FME WM$_1$	FME WM$_2$	FME WM$_3$	FME RM$_1$	FME RM$_2$	FME RM$_3$	Control
Initial weight (g)	0.076 (±0.004)	0.079 (±0.004)	0.074 (±0.005)	0.071 (±0.004)	0.072 (±0.004)	0.076 (±0.004)	0.074 (±0.004)
Final weight (g)	0.320 (±0.019)	0.418 (±0.030)	0.315 (±0.016)	0.272 (±0.019)	0.355 (±0.026)	0.318 (±0.020)	0.258 (±0.015)
SGR (%)	2.059 (±0.03)	2.373 (±0.08)	2.028 (±0.06)	1.920 (±0.07)	2.268 (±0.10)	1.992 (±0.05)	1.792 (±0.01)

(Os valores entre parênteses são ± E.S.)

Tabela 6.1 Tabela ANOVA para a taxa de crescimento específico de M. rosenbergii alimentado com dietas durante 70 dias

Source of Variation	Sum of Squares	Degree of Freedom	Mean Square	F Value
Total	0.88556	20		
Diets	0.71559	6	0.11926	9.8236*
Error	0.16997	20	0.01214	

* Significativo (P<0,05)

Tabela 6.2 Classificação de acordo com a taxa média de crescimento específico (LSD = 0,1930)

Rank	7	6	5	4	3	2	1
Diets	FME WM$_2$	FME RM$_2$	FME WM$_1$	FME WM$_3$	FME RM$_3$	FME RM$_1$	Control
SGR (%)	2.373^a	2.268^{ab}	2.059^{ab}	2.028^{ab}	1.992^{cd}	1.920^{cd}	1.792^{cd}

$^{a, b, c, d, e, f}$: As médias com diferentes sobrescritos são estatisticamente diferentes (P<0,05)

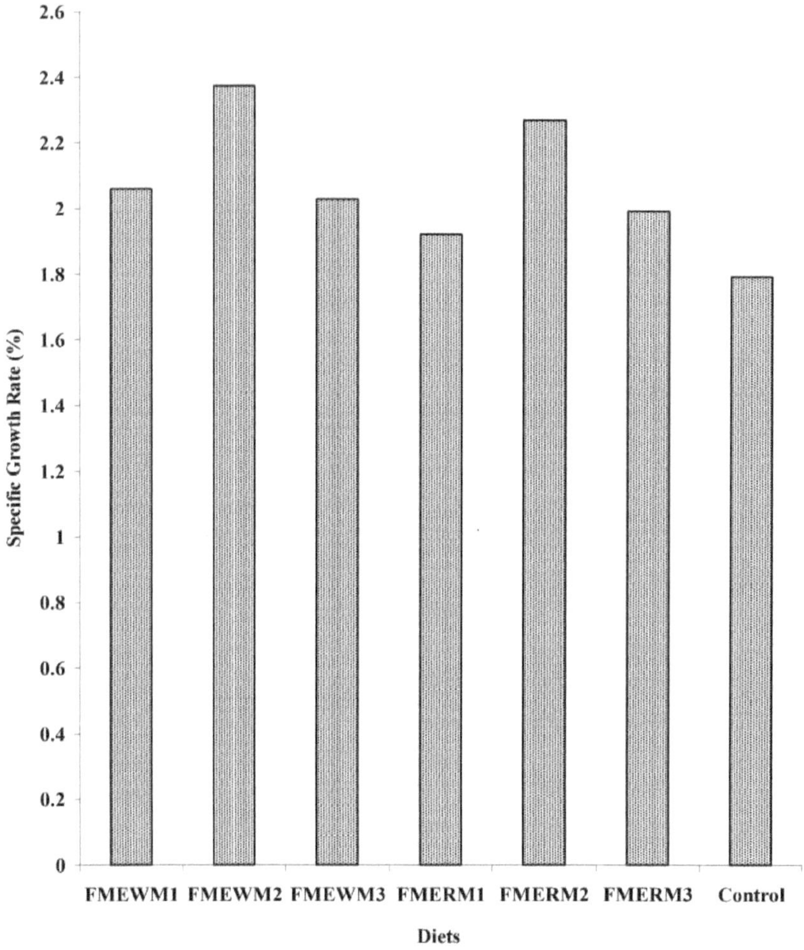

Fig. 8: Taxa média de crescimento específico de pós-larvas de M. rosenbergii alimentadas com diferentes dietas durante 70 dias

Tabela 7.0 Taxa média de sobrevivência de pós-larvas de M. rosenbergii alimentadas com diferentes dietas durante 70 dias

Parameters	**Diets**						
	FME WM_1	**FME WM_2**	**FME WM_3**	**FME RM_1**	**FME RM_2**	**FME RM_3**	**Control**
Initial count	20.00	20.00	20.00	20.00	20.00	20.00	20.00

Final count	17.00 (±1.53)	17.33 (±0.88)	16.67 (±1.67)	15.33 (±0.33)	17.00 (±1.00)	15.33 (±0.88)	15.67 (±0.33)
Survival (%)	85.00 (±7.64)	86.67 (±4.40)	83.33 (±8.33)	76.67 (±1.67)	85.00 (±5.00)	76.67 (±4.41)	78.33 (±1.67)

(Os valores entre parênteses são ± E.S.)

Tabela 7.1 Tabela ANOVA para a taxa de sobrevivência de M. rosenbergii alimentado com dietas durante 70 dias

Source of Variation	Sum of Squares	Degree of Freedom	Mean Square	F Value
Total	1516.6667	20		
Diets	333.3333	6	55.5556	0.6573
Error	1183.3333	14	84.5238	

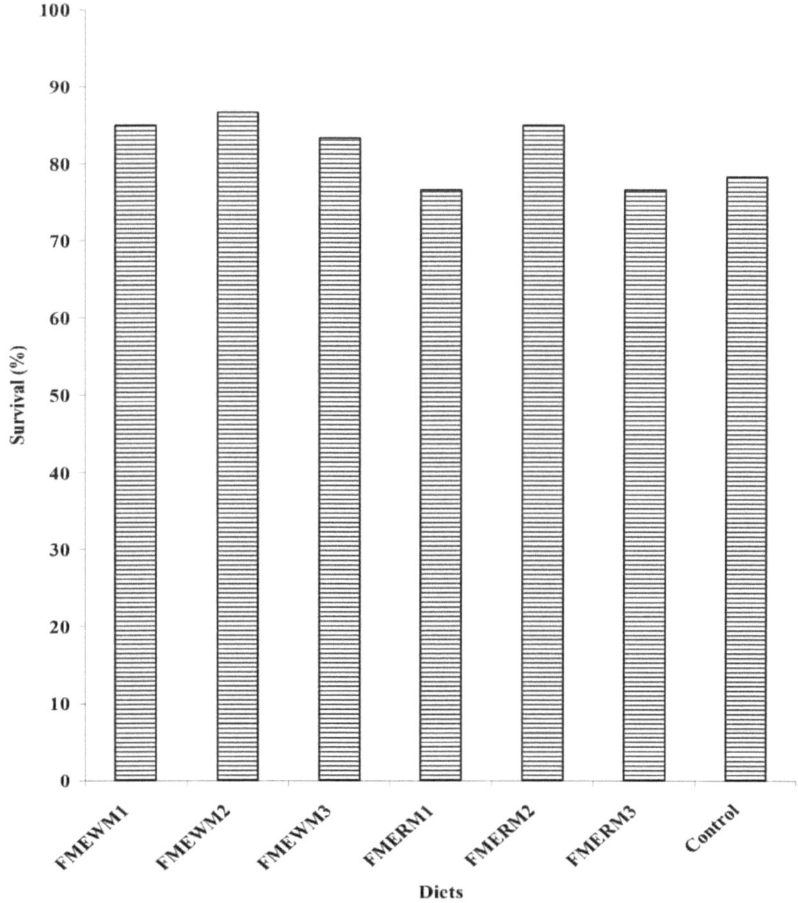

Fig. 9: Sobrevivência média das pós-larvas de M. rosenbergii alimentadas com diferentes dietas

durante 70 dias

Tabela 8.0: Parâmetros de qualidade da água durante a experiência I

Weeks	Temperature (^0C)	pH	DO (mg L^{-1})	CO_2 (mg L^{-1})	Hardness (mg L^{-1})	Total alkalinity (mg L^{-1})	Ammonia (mg L^{-1})	Nitrite (mg L^{-1})	Nitrate (mg L^{-1})
1	26.21 ±0.11	7.85 ±0.06	5.71 ±0.16	0.92 ±0.10	101.92 ±0.60	28.48 ±0.91	--	--	--
2	26.20 ±0.10	8.10 ±0.15	5.56 ±0.13	0.97 ±0.12	101.78 ±1.27	26.32 ±1.16	0.07 ±0.01	0.15 ±0.02	0.51 ±0.09
3	26.63 ±0.21	7.79 ±0.02	5.53 ±0.10	0.76 ±0.10	99.96 ±1.98	26.32 ±1.16	--	--	--
4	26.91 ±0.22	7.91 ±0.07	5.90 ±0.16	0.89 ±0.10	105.34 ±0.76	29.42 ±0.89	0.08 ±0.01	0.30 ±0.04	0.85 ±0.04
5	26.61 ±0.22	7.87 ±0.06	5.75 ±0.14	0.91 ±0.02	105.64 ±1.39	27.61 ±0.92	--	--	--
6	26.77 ±0.20	7.90 ±0.07	5.71 ±0.11	0.98 ±0.01	103.40 ±1.49	27.15 ±1.17	0.08 ±0.01	0.31 ±0.04	0.85 ±0.04
7	27.09 ±0.10	7.83 ±0.03	5.82 ±0.17	0.80 ±0.09	103.79 ±0.62	29.00 ±0.93	--	--	--
8	27.23 ±0.23	7.86 ±0.06	5.64 ±0.14	0.87 ±0.10	103.59 ±1.29	26.79 ±1.18	0.08 ±0.01	0.16 ±0.02	0.53 ±0.09
9	27.36 ±0.22	7.88 ±0.06	5.63 ±0.11	0.64 ±0.08	102.00 ±1.93	26.78 ±1.18	--	--	--
10	27.50 ±0.22	7.93 ±0.05	5.87 ±0.17	0.73 ±0.08	104.65 ±0.69	29.24 ±0.95	0.07 ±0.01	0.32 ±0.04	0.88 ±0.04

(Os valores entre parênteses são ± E.S.)

4.2. EXPERIÊNCIA - II

Efeito do extrato de mexilhão de água doce em dietas incorporadas com pó de carne seca no crescimento e sobrevivência de pós-larvas de M. rosenbergii.

4.2.1. Ganho de comprimento

O comprimento inicial médio, o comprimento final e o ganho de comprimento das pós-larvas de M. rosenbergii são apresentados na Tabela 9.0. O ganho de comprimento foi maior no camarão alimentado com a dieta FMEDM5, com 75,69 %, e menor no tratamento que recebeu a dieta de controlo, com 54,66 % (Fig. 10).

A ANOVA de um caminho revelou que a variação no ganho de comprimento de M. rosenbergii alimentado com dietas de controlo e teste foi estatisticamente significativa (P<0,05) (Tabela 9.1). O teste LSD mostrou que os camarões alimentados com as dietas FMEDM5 e FMEDM4 foram idênticos entre si e significativamente diferentes (P<0,05) de todas as outras dietas (Tabela 9.2). As dietas FMEDM1, **FMEDM2, FMEDM3**, FMEDM6 e o controlo não mostraram diferenças significativas (P>0,05) entre si no período de 70 dias.

A relação entre o ganho de comprimento (y) e o período de criação (x) de M. rosenbergii alimentado com diferentes dietas é apresentada na Fig.11.As equações estimadas foram y=1,76+0,833x (r=0,984), y=0,31+0,835x (r=0,994), y=3,46+0,839x (r=0,972), y=5,53+0,988x (r=0,987), y=3,38+1,090x (r=0.993), y=3.85+0.768x (r=0.986) e y=0.95+0.772x (r=0.995) para as dietas **FMEDM1, FMEDM2, FMEDM3, FMEDM4, FMEDM5**, FMEDM6 e controlo, respetivamente. A ANCOVA foi aplicada para comparar os declives e foi observada uma diferença significativa (P<0,05).

Tabela 9.0 Comprimento inicial médio, comprimento final e ganho de comprimento de pós-larvas de M. rosenbergii alimentadas com diferentes dietas durante 70 dias

Parameters	Diets						
	FME DM 1	FME DM 2	FME DM 3	FME DM 4	FME DM 5	FME DM 6	Control
Initial length (cm)	2.25 (±0.11)	2.26 (±0.06)	2.24 (±0.05)	2.13 (±0.05)	2.16 (±0.06)	2.19 (±0.06)	2.22 (±0.06)
Final length (cm)	3.54 (±0.06)	3.55 (±0.07)	3.54 (±0.06)	3.64 (±0.01)	3.79 (±0.10)	3.38 (±0.05)	3.43 (±0.05)
Length gain (%)	57.10 (±0.77)	57.21 (±1.98)	57.82 (±2.79)	70.54 (±2.35)	75.69 (±1.81)	55.13 (±2.42)	54.66 (±0.25)

Os valores entre parênteses são ± E.S.)

Tabela 9.1 Tabela ANOVA para o ganho de comprimento de M. rosenbergii alimentado com dietas durante 70 dias

Source of Variation	Sum of Squares	Degree of Freedom	Mean Square	F Value
Total	1425.0392	20		
Diets	12.62.9288	6	210.4881	18.1779*
Error	162.1104	14	11.5793	

*Significativo (P<0,05)

Tabela 9.2 Classificação de acordo com o ganho médio de comprimento (LSD = 5,9597)

Rank	7	6	5	4	3	2	1
Diets	FME DM_5	FME DM_4	FME DM_3	FME DM_2	FME DM_1	FME DM_6	Control
Length gain (%)	75.69^{a}	70.54^{b}	57.82^{bc}	57.21^{bc}	57.10^{bc}	55.13^{bc}	54.66^{bc}

$^{a, b, c, d}$: As médias com diferentes sobrescritos são estatisticamente diferentes (P<0,05)

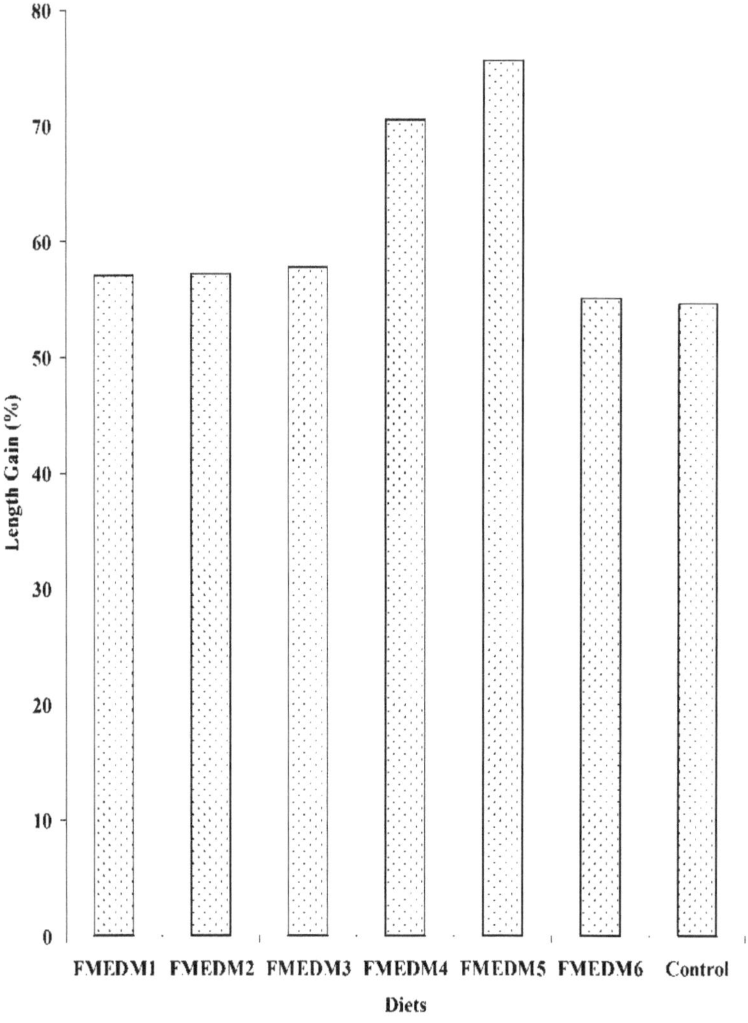

Fig. 10: Ganho médio de comprimento das pós-larvas de M. rosenbergii alimentadas com diferentes dietas durante 70 dias

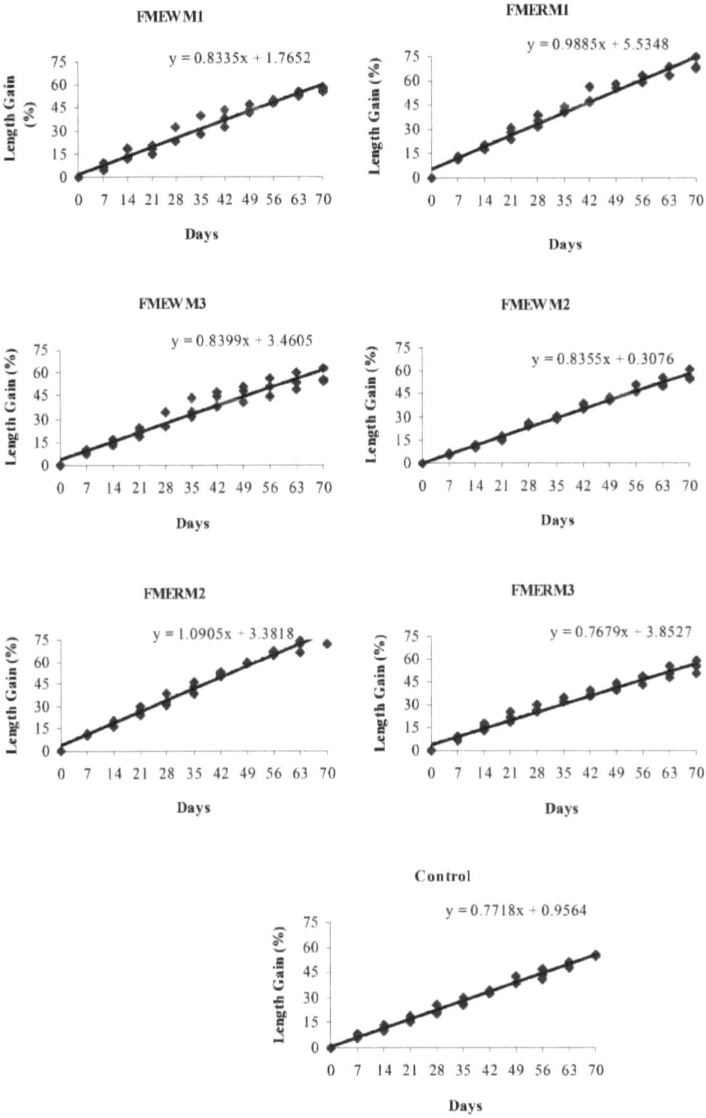

Fig. 11: Relação entre o ganho de comprimento e o período de criação de pós-larvas de M. rosenbergii alimentadas com diferentes dietas durante 70 dias

4.2.2. Aumento de peso

O peso inicial médio observado, o peso final e o ganho de peso de pós-larvas de M. rosenbergii criadas por 70 dias estão resumidos na Tabela 10.0. O ganho de peso máximo observado foi de 418,94 % com a dieta FMEDM5 e o ganho de peso mínimo foi de 256,94 % com a dieta de controlo fornecida às pós-larvas de M. rosenbergii (Fig. 12).

A ANOVA mostrou que houve diferença significativa (P<0,05) no ganho de peso das pós-larvas de

M. rosenbergii quando alimentadas com as dietas testadas (Tabela 10.1). O teste LSD mostrou que o ganho de peso do camarão foi equivalente nas dietas FMEDM5 e FMEDM4, mas significativamente diferente (P<0,05) de todas as outras dietas (Tabela 10.2). O ganho de peso dos camarões alimentados com as **dietas FMEDM3**, FMEDM2 e FMEDM1 mostrou uma diferença significativa (P<0,05) em relação às dietas FMEDM6 e controlo. O ganho de peso dos camarões alimentados com a dieta FMEDM6 foi significativamente diferente (P<0,05) da dieta de controlo.

No final dos 70 dias, a relação entre o ganho de peso (y) e o período de criação (x) das pós-larvas de M. rosenbergii alimentadas com diferentes dietas está representada na Fig.13.As equações registadas foram y=3,00+4,128x (r=0,992), y=5,82+4,295x (r=0,996), y=4,51+4,379x (r=0,974), y=-8,07+4,892x (r=0,988), y=-9,15+6,018x (r=0.990), y=0.96+3.789x (r=0.993) e y=-1.56+3.587x (r=0.987) para as dietas **FMEDM1**, **FMEDM2**, **FMEDM3**, **FMEDM4**, **FMEDM5**, FMEDM6 e controlo, respetivamente. A ANCOVA foi aplicada para comparar os declives e foi observada uma diferença significativa (P<0,05).

Tabela 10.0 Peso inicial médio, peso final e ganho de peso de pós-larvas de M. rosenbergii alimentadas com diferentes dietas durante 70 dias

Parameters	Diets						
	FME DM $_1$	FME DM $_2$	FME DM $_3$	FME DM $_4$	FME DM $_5$	FMED M $_6$	Control
Initial weight (g)	0.0780 (±0.008)	0.0754 (±0.007)	0.0795 (±0.004)	0.0814 (±0.006)	0.0790 (±0.006)	0.0761 (±0.006)	0.0792 (±0.005)
Final weight (g)	0.3165 (±0.015)	0.3062 (±0.018)	0.3264 (±0.021)	0.3572 (±1.023)	0.4088 (±0.024)	0.2819 (±0.011)	0.2826 (±0.015)
Weight gain (%)	299.4653 (±12.48)	306.6079 (±5.47)	310.8577 (±12.49)	339.7844 (±15.51)	418.9387 (±16.84)	268.0941 (±10.06)	256.9394 (±9.34)

(Os valores entre parênteses são ± E.S.)

Tabela 10.1 Tabela ANOVA para o ganho de peso de M. rosenbergii alimentado com dietas durante 70 dias

Source of Variation	Sum of Squares	Degree of Freedom	Mean Square	F Value
Total	58272.6017	20		
Diets	51944.8920	6	8657.4820	19.1546*
Error	6327.7057	14	451.9793	

*Significativo (P<0,05)

Tabela 10.2 Classificação de acordo com o ganho de peso médio (LSD = 37,2341)

Rank	7	6	5	4	3	2	1
Diets	FME DM $_5$	FME DM $_4$	FME DM $_3$	FME DM $_2$	FME DM $_1$	FME DM $_6$	Control
Weight Gain (%)	418.9387 ^{a}	339.7844 ^{b}	310.8577 ^{c}	306.6079 ^{cd}	299.4653 ^{cde}	268.0941 ^{f}	256.9394 ^{f}

a, b, c, d: As médias com diferentes sobrescritos são estatisticamente diferentes (P<0,05)

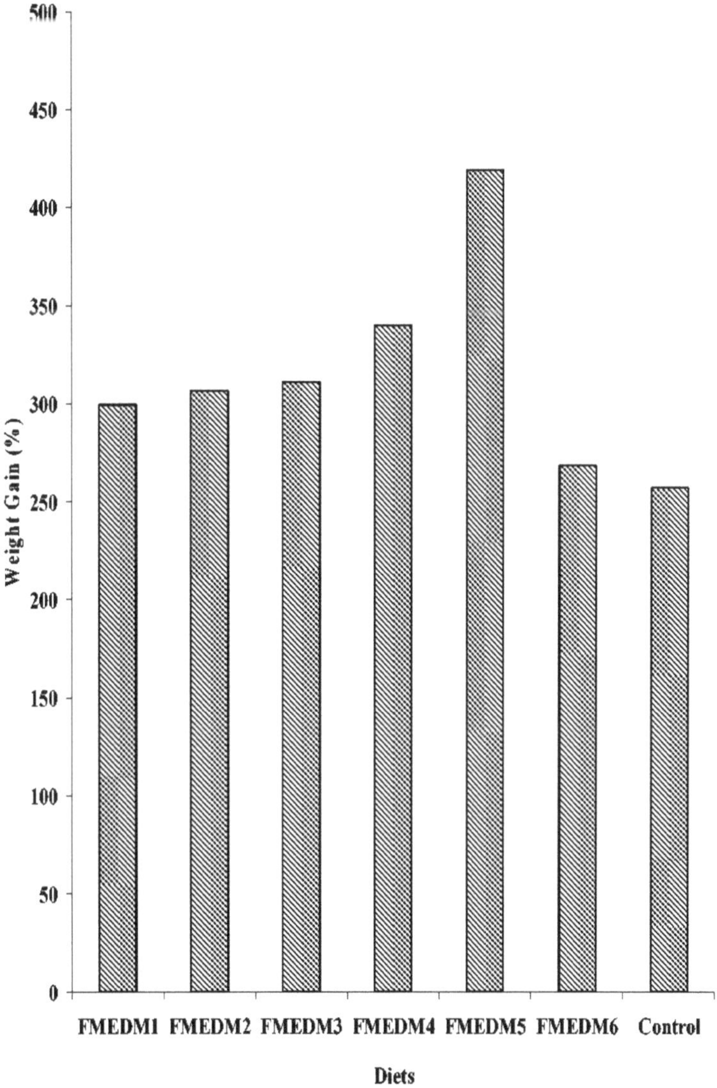

Fig. 12: Ganho de peso médio das pós-larvas de M. rosenbergii alimentadas com diferentes dietas durante 70 dias

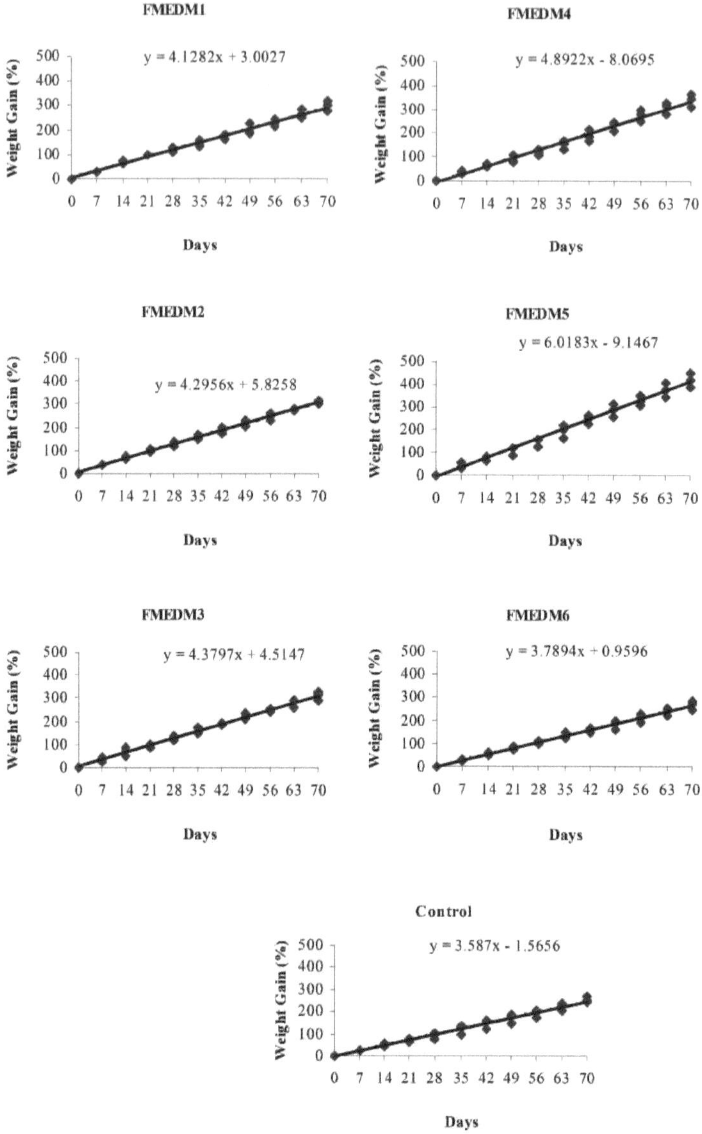

Fig. 13: Relação entre o ganho de peso e o período de criação de pós-larvas de M. Rosenbergii alimentadas com diferentes dietas durante 70 dias

4.2.3. Taxa de crescimento específica

A taxa média de crescimento específico (SGR) observada durante a experiência é apresentada na Tabela 11.0. A taxa de crescimento específico mais elevada (2,351%) foi obtida na dieta FMEDM5, enquanto a mais baixa foi (1,817%) na dieta de controlo (Fig. 14).

A ANOVA mostrou diferença significativa (P<0,05) entre as dietas testadas (Tabela 11.1). O teste LSD mostrou que as dietas FMEDM5 e FMEDM4 apresentaram SGR semelhante e foram significativamente diferentes (P<0,05) das demais dietas teste (Tabela 11.2). No entanto, as dietas **FMEDM3**, FMEDM2 e FMEDM1 apresentaram diferenças significativas (P<0,05) em relação às dietas FMEDM6 e controlo.

4.2.4. Sobrevivência

A taxa média de sobrevivência dos camarões alimentados com as dietas testadas é apresentada no Quadro 12.0. O intervalo da taxa de sobrevivência situou-se entre 83,33% e 96,67%. A sobrevivência máxima foi observada (96,67%) na dieta FMEDM5 e a sobrevivência mínima foi registada (83,33%) nas dietas **FMEDM1**, FMEDM4 e FMEDM6 (Fig. 15).

A ANOVA mostrou que a taxa de sobrevivência observada de pós-larvas de M. rosenbergii durante 70 dias não foi estatisticamente diferente (P>0,05) entre as dietas de teste (Tabela 12.1). 4.2.5 Parâmetros de qualidade da água Durante o período experimental, a temperatura da água variou entre 26,65 e 27,31^{0} C, o pH variou entre 7,81 e 7,92, o oxigénio dissolvido (DO) variou entre 5,51 e 5,90 mg litro^{-1} , o dióxido de carbono (**CO2**) variou entre 0,65 e 1.00 mg litro^{-1} , a dureza variou entre 100,25 e 107,30 mg litro^{-1} , a alcalinidade total variou entre 26,11 e 29,45 mg litro^{-1} , a amónia variou entre 0,07 e 0,08 mg litro^{-1} , o nitrito variou entre 0,16 e 0,32 mg litro^{-1} e o nitrato variou entre 0,52 e 0,88 mg litro^{-1} (Tabela 13.0). Os parâmetros de qualidade da água estavam dentro dos limites permitidos e não registaram qualquer variação significativa.

Tabela 11.0 Taxa média de crescimento específico de pós-larvas de M. rosenbergii alimentadas com diferentes dietas durante 70 dias

Parameters	Diets						
	FME DM$_1$	FME DM$_2$	FME DM$_3$	FME DM$_4$	FME DM$_5$	FME DM$_6$	Control
Initial weight (g)	0.0780 (±0.008)	0.0754 (±0.007)	0.0795 (±0.004)	0.0814 (±0.006)	0.0790 (±0.006)	0.0761 (±0.006)	0.0792 (±0.005)
Final weight (g)	0.3165 (±0.015)	0.3062 (±0.018)	0.3264 (±0.021)	0.3572 (±1.023)	0.4088 (±0.024)	0.2819 (±0.011)	0.2826 (±0.015)
SGR (%)	1.977 (±0.04)	2.004 (±0.02)	2.017 (±0.04)	2.114 (±0.05)	2.351 (±0.05)	1.861 (±0.04)	1.817 (±0.04)

(Os valores entre parênteses são ± S.E.M.)

Tabela 11.1 Tabela ANOVA para a taxa de crescimento específico de M. rosenbergii alimentado com dietas durante 70 dias

Source of Variation	Sum of Squares	Degree of Freedom	Mean Square	F Value
Total	0.6331	20		18.2524*
Groups	0.5614	6	0.0936	
Error	0.0718	14	0.0051	

*Significativo (P<0,05)

Tabela 11.2 Classificação de acordo com a taxa média de crescimento específico (LSD = 0,0812)

Rank	7	6	5	4	3	2	1
Diets	FME DM $_5$	FME DM $_4$	FME DM $_3$	FME DM $_2$	FME DM $_1$	FME DM $_6$	Control
SGR (%)	2.351^{a}	2.114^{b}	2.017^{bc}	2.004^{bcd}	1.977^{cde}	1.861^{de}	1.817^{de}

a, b, c, d, e: As médias com diferentes sobrescritos são estatisticamente diferentes (P<0,05)

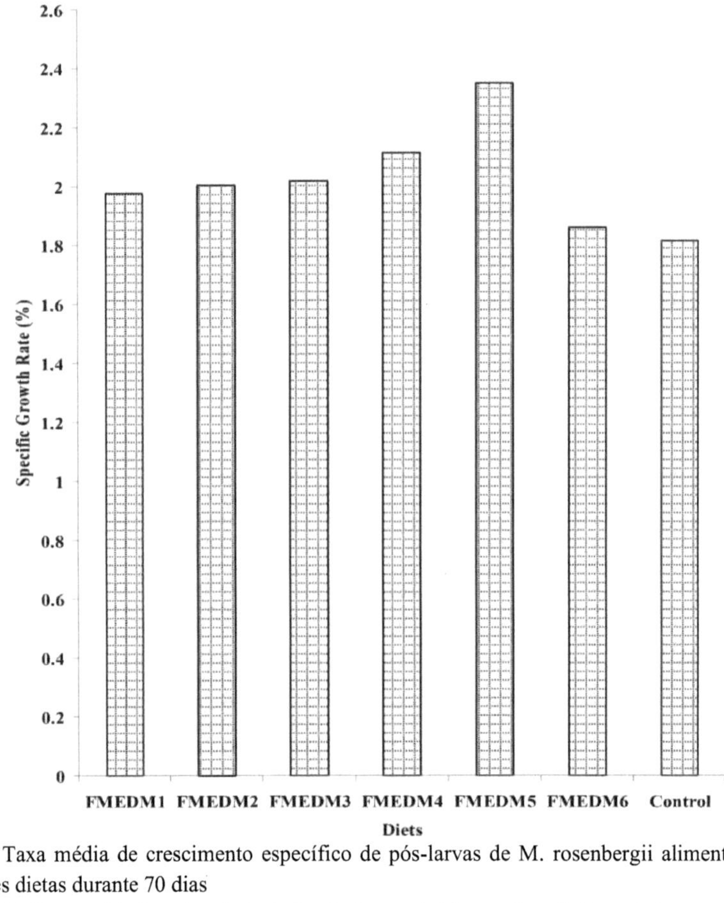

Fig. 14: Taxa média de crescimento específico de pós-larvas de M. rosenbergii alimentadas com diferentes dietas durante 70 dias

Tabela 12.0 Taxa média de sobrevivência de pós-larvas de M. rosenbergii alimentadas com diferentes dietas durante 70 dias

Parameters	Diets					
	FME DM$_1$	FME DM$_2$	FME DM$_3$	FME DM$_4$	FME DM$_5$	FME DM$_6$	Control

Initial count	20.00	20.00	20.00	20.00	20.00	20.00	20.00
Final count	16.67 (±0.88)	18.00 (±1.15)	17.33 (±0.67)	17.67 (±1.20)	18.67 (±1.33)	16.67 (±0.67)	17.00 (±0.58)
Survival (%)	83.33 (±4.41)	90.00 (±5.77)	86.67 (±3.33)	88.33 (±6.01)	96.67 (±3.33)	83.33 (±3.33)	85.00 (±2.89)

(Os valores entre parênteses são ± E.S.)

Tabela 12.1 Tabela ANOVA para a taxa de sobrevivência de M. rosenbergii alimentado com dietas durante 70 dias

Source of Variation	Sum of Squares	Degree of Freedom	Mean Square	F Value
Total	1180.9523	20		
Diets	397.6190	6	66.2698	1.1844
Error	783.3333	14	55.9524	

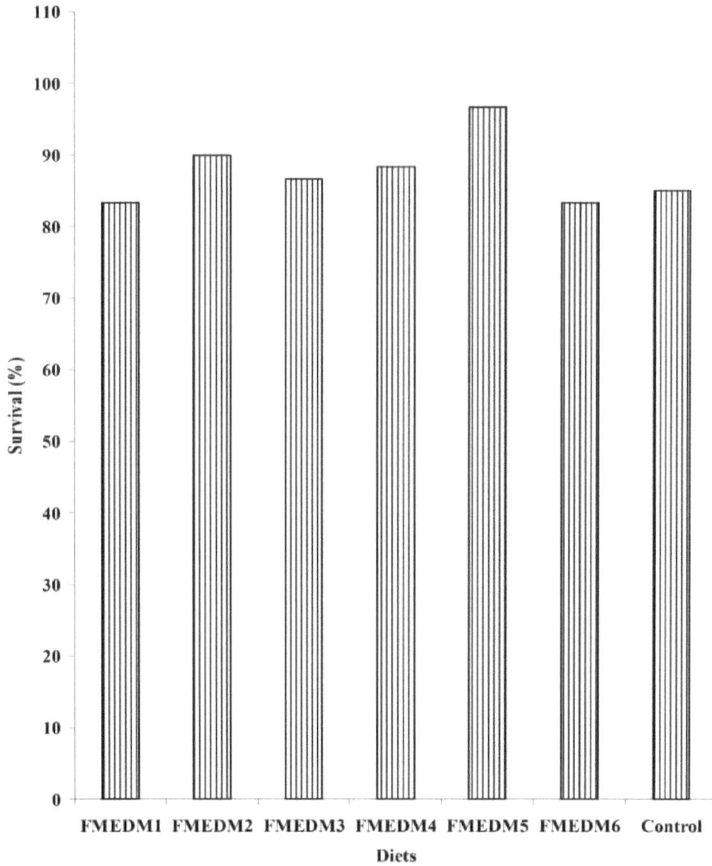

Fig. 15: Sobrevivência média de pós-larvas de M. rosenbergii alimentadas com diferentes dietas

durante 70 dias

Tabela 13.0: Parâmetros de qualidade da água durante a experiência II

Weeks	Temperature (⁰C)	pH	DO (mg L⁻¹)	CO_2 (mg L⁻¹)	Hardness (mg L⁻¹)	Total Alkalinity (mg L⁻¹)	Ammonia (mg L⁻¹)	Nitrite (mg L⁻¹)	Nitrate (mg L⁻¹)
1	26.78 ±0.26	7.89 ±0.09	5.51 ±0.13	1.00 ±0.12	100.91 ±1.55	26.11 ±1.21	--	--	--
2	26.71 ±0.36	7.87 ±0.06	5.54 ±0.10	0.76 ±0.10	100.25 ±2.17	26.38 ±1.13	0.08 ±0.01	0.16 ±0.02	0.52 ±0.09
3	26.68 ±0.32	7.92 ±0.08	5.85 ±0.16	0.89 ±0.10	104.43 ±1.04	29.16 ±0.91	--	--	--
4	27.31 ±0.21	7.81 ±0.01	5.84 ±0.14	0.96 ±0.01	107.30 ±1.46	28.04 ±0.95	0.07 ±0.01	0.32 ±0.04	0.88 ±0.05
5	27.26 ±0.31	7.90 ±0.04	5.82 ±0.12	1.01 ±0.01	105.46 ±1.52	27.71 ±1.25	--	--	--
6	26.65 ±0.25	7.91 ±0.08	5.90 ±0.17	0.81 ±0.09	105.38 ±0.64	29.45 ±1.01	0.08 ±0.01	0.31 ±0.04	0.86 ±0.04
7	27.29 ±0.11	7.90 ±0.08	5.64 ±0.14	0.87 ±0.10	103.59 ±1.29	26.79 ±1.18	--	--	--
8	27.09 ±0.28	7.88 ±0.09	5.71 ±0.11	0.65 ±0.08	103.61 ±2.07	27.20 ±1.21	0.08 ±0.01	0.31 ±0.04	0.86 ±0.04
9	26.79 ±0.17	7.86 ±0.03	5.88 ±0.16	0.73 ±0.07	104.93 ±0.68	29.32 ±0.98	--	--	--
10	26.96 ±0.21	7.92 ±0.08	5.81 ±0.17	0.72 ±0.08	103.75 ±0.94	28.99 ±0.97	0.07 ±0.01	0.16 ±0.02	0.53 ±0.09

(Os valores entre parênteses são ± E.S.)

4.3.EXPERIÊNCIA - III

Estudo bioenergético em M. rosenbergii alimentado com dietas incorporadas com extrato de carne de mexilhão de água doce.

4.3.1. Parâmetros bioenergéticos

4.3.1.1.Rácio de conversão alimentar

O rácio médio de conversão alimentar (FCR) de M. rosenbergii alimentado com diferentes dietas é apresentado no Quadro 14.0. A melhor taxa de conversão alimentar (2,8347) foi registada no FMEWM2, enquanto a taxa de conversão alimentar (3,6621) foi observada na dieta de controlo (Fig. 16). A ANOVA revelou que havia uma diferença significativa ($P<0,05$) entre as dietas (Tabela 14.1).

O teste da diferença mínima significativa (LSD) mostrou que a taxa média de conversão alimentar das dietas FMEWM2 e FMEDM5 eram significativamente diferentes (P<0,05) da dieta de controlo (Tabela 14.2).

4.3.1.2.Rácio de eficiência proteica

O rácio médio de eficiência proteica (PER) de M. rosenbergii alimentado com as dietas de ensaio durante 15 dias é apresentado no Quadro 15.0. O rácio de eficiência proteica foi mais elevado (1,0806) para a dieta FMEWM2 e mais baixo (0,8481) para a dieta de controlo (Fig. 17). A ANOVA mostrou que houve diferença significativa entre as diferentes dietas (Tabela 15.1).

O teste da diferença menos significativa mostrou que o rácio médio de eficiência proteica dos camarões alimentados com a dieta FMEWM2 foi significativamente mais elevado (P<0,05) do que a dieta de controlo, mas não foi significativamente mais elevado do que a dieta FMEDM5 (Quadro 15.2).

Quadro 14.0 Rácio médio de conversão alimentar de M. rosenbergii alimentado com diferentes dietas durante 15 dias

Parameters	Diets		
	Control	FMEDM$_5$	FMEWM$_2$
Initial weight (g)	0.3799 (±0.05)	0.3826 (±0.03)	0.3909 (±0.04)
Final weight (g)	0.4501 (±0.005)	0.4878 (±0.005)	0.5094 (±0.007)
Weight gain (g)	0.0702 (±0.003)	0.1052 (±0.006)	0.1186 (±0.008)
Feed consumed (g)	0.2538 (±0.009)	0.3204 (±0.007)	0. 3291 (±0.007)
FCR	3.6621 (±0.14)	3.0885 (±0.13)	2.8347 (±0.13)

(Os valores entre parênteses são ± E.S.)

Tabela 14.1 Tabela ANOVA para o rácio de conversão alimentar de M. rosenbergii alimentado com dietas durante 15 dias

Source of Variation	Sum of Squares	Degree of Freedom	Mean Square	F Value
Total	4.8588	20		
Diets	2.5145	2	1.2572	9.6535*
Error	2.3443	18	0.1302	

*Significativo (P<0,05)

Quadro 14.2 Classificação de acordo com o rácio médio de conversão alimentar (LSD = 0,4053)

Rank	3	2	1
Diets	Control	$FMEDM_5$	$FMEWM_2$
FCR	3.6621[a]	3.0885[b]	2.8347[bc]

a, b, c, As médias com diferentes sobrescritos são estatisticamente diferentes (P<0,05)

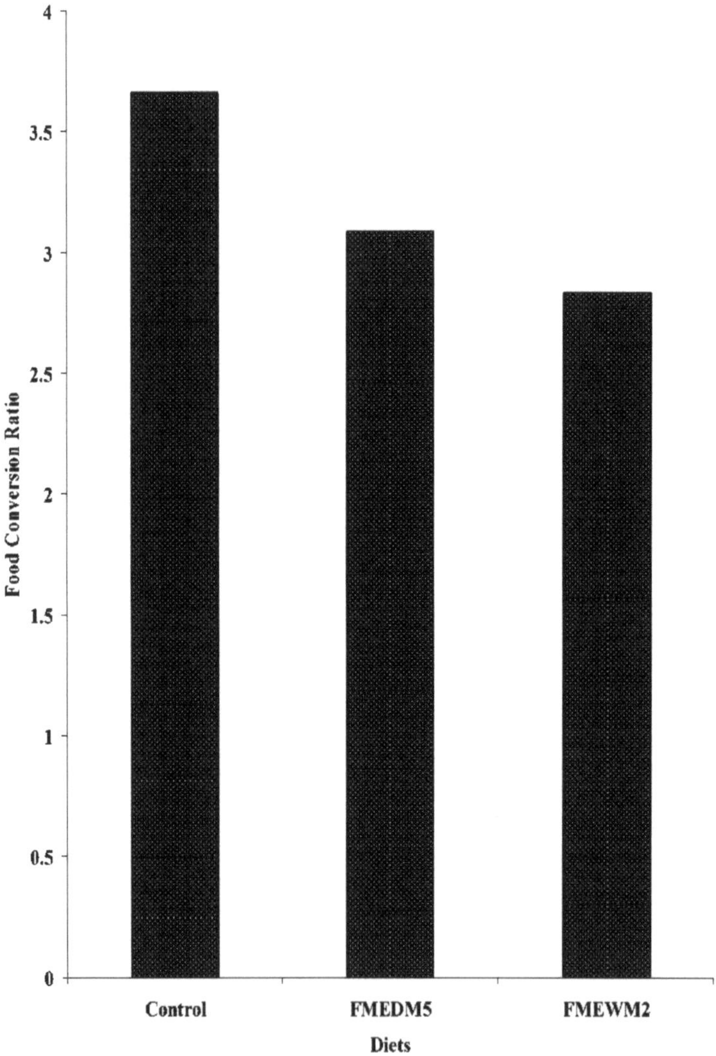

Fig. 16: Rácio médio de conversão alimentar de M. rosenberii alimentado com diferentes dietas

Quadro 15.0 Rácio médio de eficiência proteica de M. rosenbergii alimentado com diferentes dietas durante 15 dias

Parameters	Diets		
	Control	$FMEDM_5$	$FMEWM_2$
Initial weight (g)	0.3799 (±0.05)	0.3826 (±0.03)	0.3909 (±0.04)
Final weight (g)	0.4501 (±0.005)	0.4878 (±0.005)	0.5094 (±0.007)
Weight gain (g)	0.0702 (±0.003)	0.1052 (±0.006)	0.1186 (±0.008)
Dry protein Consumed (g)	0.2538 (±0.009)	0.3204 (±0.007)	0. 3291 (±0.007)
PER	0.8481 (±0.037)	0.9642 (±0.040)	1.0806 (±0.062)

(Os valores entre parênteses são ± E.S.)

Tabela 15.1 Tabela ANOVA para o rácio de eficiência proteica de M. rosenbergii alimentado com dietas durante 15 dias

Source of Variation	Sum of Squares	Degree of Freedom	Mean Square	F Value
Total	0.4780	20		
Diets	0.1890	2	0.0945	5.8886*
Error	0.2889	18	0.0160	

*Significativo (P<0,05)

Quadro 15.2 Classificação de acordo com o rácio médio de eficiência proteica (LSD = 0,1128)

Rank	**3**	**2**	**1**
Diets	$FMEWM_2$	$FMEDM_5$	**Control**
PER	1.0806^{a}	0.9642^{ab}	0.8481^{bc}

$^{a, b, c}$: As médias com diferentes sobrescritos são estatisticamente diferentes (P<0,05)

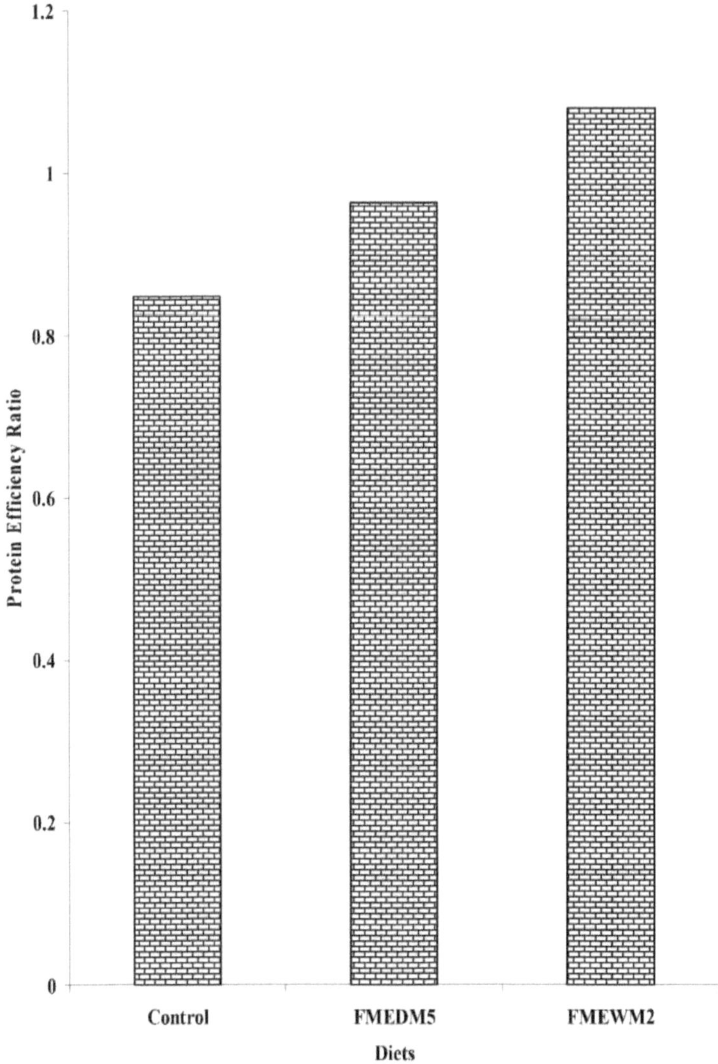

Fig. 17: Rácio médio de eficiência proteica de M. rosenbergii alimentado com diferentes dietas

4.3.1.3.Assimilação

A assimilação média registada do M. rosenbergii está resumida no quadro 16.0. A dieta FMEWM2 apresentou o nível mais elevado de assimilação (0,3261), enquanto a dieta de controlo apresentou o nível mais baixo de assimilação (0,2503) (Fig. 18). A ANOVA mostrou que havia uma diferença significativa (P<0,05) entre a assimilação das dietas (Tabela 16.1).

O teste de diferença mínima significativa (LSD) mostrou que os camarões alimentados com as dietas FMEWM2 e FMEDM5 apresentaram uma assimilação significativamente diferente (P<0,05) no final da experiência do que a dieta de controlo (Tabela 16.2).

4.3.1.4.Eficiência de assimilação

A eficiência média de assimilação de M. rosenbergii é apresentada no Quadro 17.0. Os camarões alimentados com a dieta FMEWM2 apresentaram uma eficiência de assimilação máxima (99,07%), ao passo que foi mínima (98,63%) na dieta de controlo (Fig. 19). A ANOVA mostrou uma diferença significativa (P<0,05) entre as dietas para a eficiência de assimilação (Tabela 17.1).

O teste da menor diferença significativa concluiu que a eficiência média de assimilação dos camarões alimentados com as dietas FMEWM2 e FMEDM5 foi significativamente diferente (P<0,05) da dieta de controlo (Tabela 17.2).

4.3.1.5.Eficiência do crescimento bruto

A eficiência média de crescimento bruto obtida em M. rosenbergii é apresentada no Quadro 18.0. Os camarões alimentados com a dieta FMEWM2 apresentaram uma eficiência de crescimento bruto elevada (35,8558%), enquanto que a eficiência de crescimento bruto baixa (27,5880%) foi obtida com a dieta de controlo (Fig. 20). A ANOVA mostrou que a eficiência de crescimento bruto foi significativamente diferente (P<0,05) entre as dietas (Tabela 18.1).

Quadro 16.0 Assimilação média de M. rosenbergii alimentado com diferentes regimes alimentares durante 15 dias

Parameters	Diets		
	Control	FMEDM$_5$	FMEWM$_2$
Feed consumed (g)	0.2538 (±0.009)	0.3204 (±0.007)	0. 3291 (±0.007)
Fecal output (g)	0.0521 (±0.002)	0.0469 (±0.002)	0.0457 (±0.001)
Assimilation (g)	0.2503 (±0.009)	0.3172 (±0.007)	0.3261 (±0.007)

(Os valores entre parênteses são ± E.S.)

Quadro 16.1 Tabela ANOVA para a assimilação de M. rosenbergii alimentado com dietas durante 15 dias

Source of Variation	Sum of Squares	Degree of Freedom	Mean Square	F Value
Total	0.03122	20		
Diets	0.02400	2	0.0120	29.9090*
Error	0.0072	18	0.0004	

*Significativo (P<0,05)

Quadro 16.2 Classificação segundo a assimilação média (LSD = 0,0225)

Rank	3	2	1
Diets	**FMEWM$_2$**	**FMEDM$_5$**	**Control**
Assimilation	0.3261^{a}	0.3172^{ab}	0.2503^{c}

[a, b, c]: As médias com diferentes sobrescritos são estatisticamente diferentes ($P<0,05$)

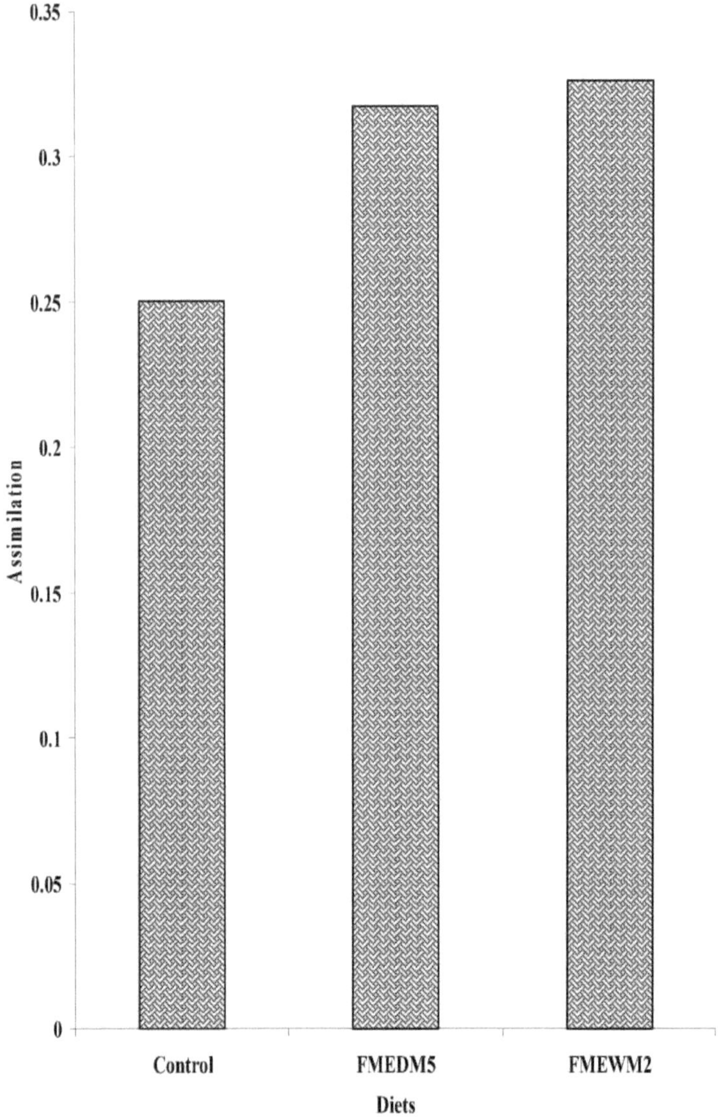

Fig. 18: Assimilação média de M. rosenbergii alimentado com diferentes dietas

Quadro 17.0 Eficiência média de assimilação de M. rosenbergii alimentado com diferentes dietas durante 15 dias

Parameters	Diets		
	$FMEWM_2$	$FMEDM_5$	Control
Assimilation (g)	0.2503 (±0.009)	0.3172 (±0.007)	0.3261 (±0.007)
Feed consumed (g)	0.2538 (±0.009)	0.3204 (±0.007)	0. 3291 (±0.007)
Assimilation efficiency (%)	98.6285 (±0.029)	99.0197 (±0.045)	99.0722 (±0.028)

(Os valores entre parênteses são ± E.S.)

Tabela 17.1 Tabela ANOVA para a eficiência de assimilação de M. rosenbergii alimentado com dietas durante 15 dias

Source of Variation	Sum of Squares	Degree of Freedom	Mean Square	F Value
Total	0.97756	20		
Diets	0.82266	2	0.41133	47.79913*
Error	0.15489	18	0.0086	

*Significativo ($P<0,05$)

Quadro 17.2 Classificação de acordo com a eficiência média de assimilação (LSD = 0,1042)

Rank	3	2	1
Diets	$FMEWM_2$	$FMEDM_5$	Control
Assimilation efficiency (%)	99.0722^{a}	99.0197^{ab}	98.6285^{c}

$^{a, b,c}$: As médias com diferentes sobrescritos são estatisticamente diferentes ($P<0,05$)

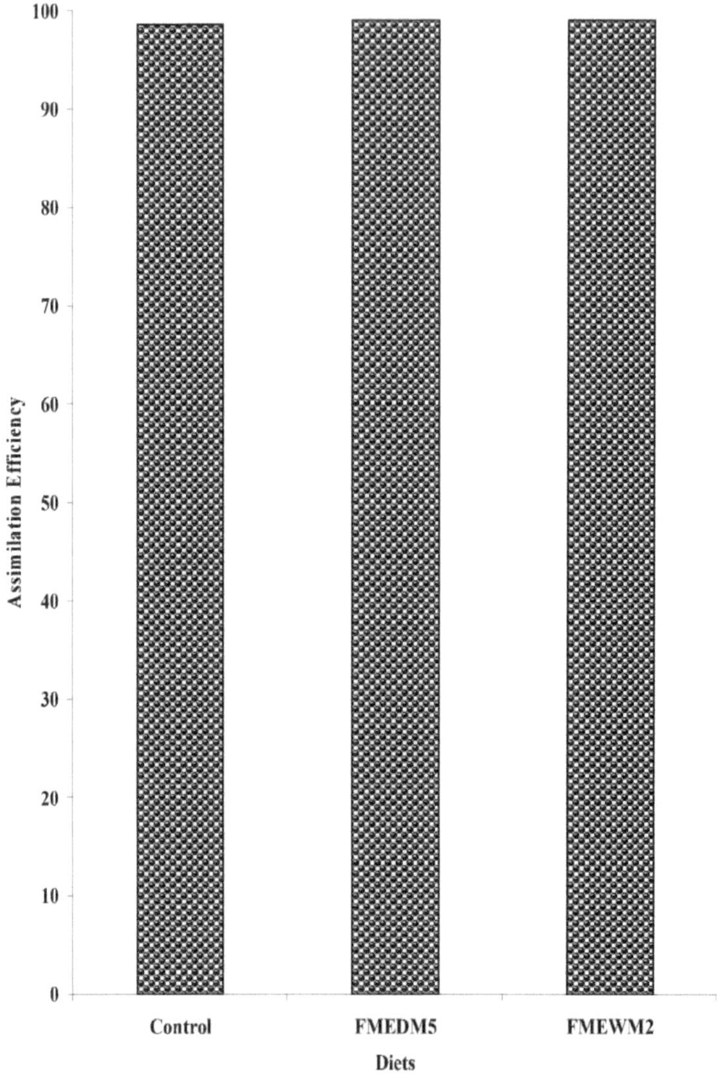

Fig. 19: Eficiência média de assimilação de M. rosenbergii alimentado com diferentes dietas

Quadro 18.0 Eficiência média de crescimento bruto de M. rosenbergii alimentado com diferentes dietas durante 15 dias

Parameters	Diets		
	Control	$FMEDM_5$	$FMEWM_2$
Production (g)	0.0702 (±0.003)	0.1052 (±0.006)	0.1186 (±0.008)
Feed consumed (g)	0.2538 (±0.009)	0.3204 (±0.007)	0. 3291 (±0.007)
Gross growth efficiency (%)	27.5880 (±1.199)	32.7269 (±1.374)	35.8580 (±1.69)

(Os valores entre parênteses são ± E.S.)

Tabela 18.1 Tabela ANOVA para a eficiência de crescimento bruto de M. rosenbergii alimentado com dietas durante 15 dias

Source of Variation	Sum of Squares	Degree of Freedom	Mean Square	F Value
Total	563.2991	20		
Diets	244.0798	2	122.0399	6.8815*
Error	319.2194	18	17.7344	

*Significativo (P<0,05)

Quadro 18.2 Classificação segundo a eficiência média do crescimento bruto (LSD = 4,0888)

Rank	3	2	1
Diets	$FMEWM_2$	$FMEDM_5$	Control
Gross growth efficiency (%)	35.8580[a]	32.7269[ab]	27.5880[c]

[a, b, c]: As médias com diferentes sobrescritos são estatisticamente diferentes (P<0,05)

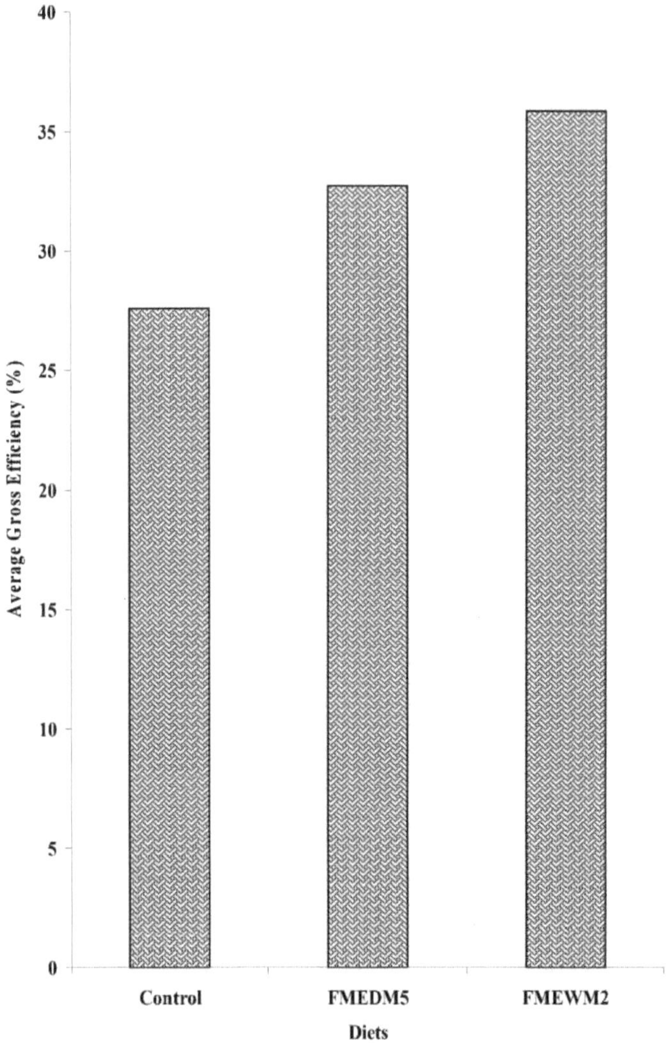

Fig. 20: Eficiência média de crescimento bruto de M. rosenbergii alimentada com diferentes dietas

O teste de diferença mínima significativa revelou que a eficiência média de crescimento bruto devido às dietas $FMEWM_2$ e $FMEDM_5$ foram significativamente diferentes ($P<0,05$) de todas as outras dietas (Tabela 18.2).

4.3.1.6 Taxa de crescimento relativo

A taxa média de crescimento relativo de M. rosenbergii alimentado com diferentes dietas é apresentada no Quadro 19.0. A taxa de crescimento relativo máxima e mínima dos camarões foi registada em 0,0175 e 0,0113 na dieta FMEWM2 e na dieta de controlo, respetivamente (Fig. 21). A ANOVA encontrou uma diferença significativa ($P<0,05$) entre as dietas (Tabela 19.1).

De acordo com o teste de diferença menos significativa, a taxa de crescimento relativo das dietas FMEWM2 e FMEDM5 foram significativamente diferentes (P<0,05) da dieta de controlo (Tabela 19.2). 4.3.1.7 Coeficiente de digestibilidade da proteína

O coeficiente de digestibilidade proteica médio observado do M. rosenbergii durante o período experimental é apresentado no Quadro 20.0. A digestibilidade da proteína da dieta FMEWM2 foi alta em 88,13% e baixa em 80,76% na dieta de controlo (Fig. 22). A ANOVA indicou uma diferença significativa (P<0,05) entre as dietas (Tabela 20.1).

O teste de diferença mínima significativa mostrou que as dietas de teste viz., FMEWM2 e FMEDM5 foram significativamente diferentes (P<0,05) da dieta de controlo (Tabela 20.2).

Quadro 19.0 Taxa média de crescimento relativo de M. rosenbergii alimentada com diferentes regimes alimentares durante 15 dias

Parameters	Diets		
	Control	$FMEDM_5$	$FMEWM_2$
Initial weight (g)	0.3799 (±0.05)	0.3826 (±0.03)	0.3909 (±0.04)
Final weight (g)	0.4501 (±0.005)	0.4878 (±0.005)	0.5094 (±0.007)
Weight gain (g)	0.0702 (±0.003)	0.1052 (±0.006)	0.1186 (±0.008)
Mean weight (g)	0.4150 (±0.004)	0.4359 (±0.002)	0.4501 (±0.004)
Relative growth rate	0.0113 (±0.0007)	0.0161 (±0.0009)	0.0175 (±0.0012)

(Os valores entre parênteses são ± E.S.)

Tabela 19.1 Tabela ANOVA para a taxa de crescimento relativo de M. rosenbergii alimentado com dietas durante 15 dias

Source of Variation	Sum of Squares	Degree of Freedom	Mean Square	F Value
Total	0.00027	20		11.3399*
Diets	0.00015	2	0.000075	
Error	0.000012	18	0.0000066	

*Significativo (P<0,05)

Quadro 19.2 Classificação de acordo com a taxa média de crescimento relativo (LSD = 0,0029)

Rank	3	2	1
Diets	$FMEWM_2$	$FMEDM_5$	Control
Relative growth rate	0.0175^{a}	0.0161^{ab}	0.0113^{bc}

[a, b,c] : As médias com diferentes sobrescritos são estatisticamente diferentes ($P<0,05$)

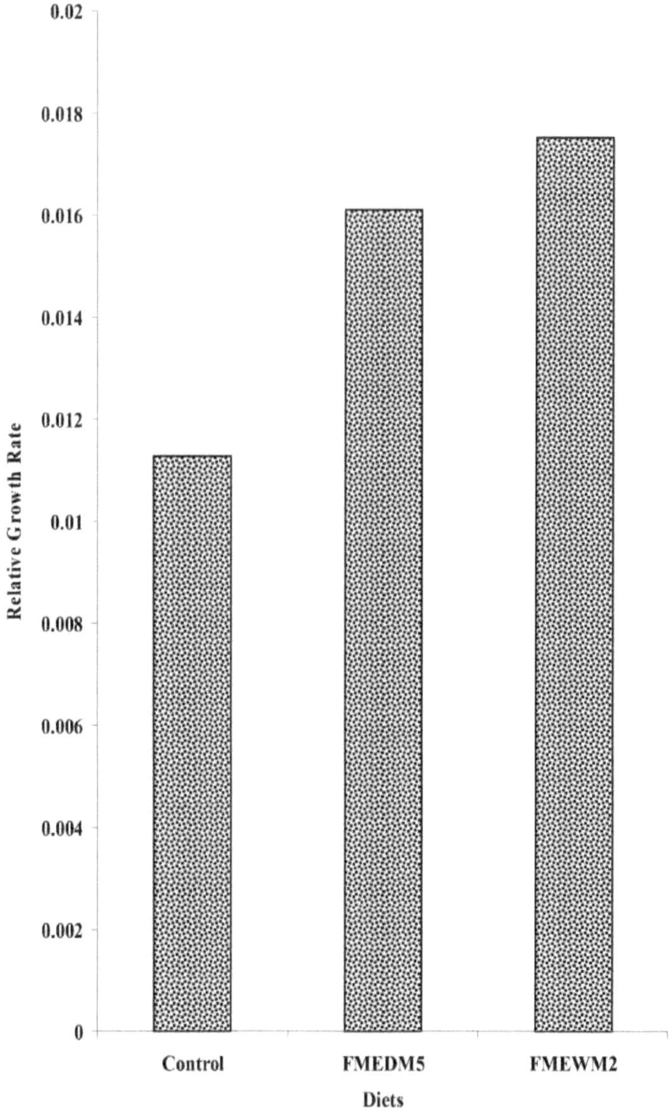

Fig. 21: Taxa média de crescimento relativo de M. rosenbergii alimentada com diferentes dietas

Quadro 20.0 Coeficiente médio de digestibilidade das proteínas de M. Rosenbergii alimentado com diferentes dietas durante 15 dias

Parameters	Diets		
	Control	$FMEDM_5$	$FMEWM_2$
Protein in feed (%)	32.5275 (±0.008)	33.9424 (±0.003)	33.1849 (±0.001)
Protein in faeces (%)	17.0652 (±0.09)	16.3690 (±0.03)	15.7372 (±0.03)
Protein digestibility coefficient (%)	47.5360 (±0.29)	51.7742 (±0.08)	52.5772 (±0.10)

(Os valores entre parênteses são ± E.S.)

Tabela 20.1 Tabela ANOVA para o coeficiente de digestibilidade das proteínas de M. Rosenbergii alimentado com dietas durante 15 dias

Source of Variation	Sum of Squares	Degree of Freedom	Mean Square	F Value
Total	106.9091	20		
Diets	102.7130	2	51.3565	220.2876*
Error	4.1964	18	0.2331	

*Significativo (P<0,05)

Quadro 20.2 Classificação de acordo com o coeficiente médio de digestibilidade das proteínas (LSD = 0,5422)

Rank	3	2	1
Diets	$FMEWM_2$	$FMEDM_5$	Control
Protein digestibility coefficient (%)	52.5772[a]	51.7742[ab]	47.5360[c]

[a, b,c] : As médias com diferentes sobrescritos são estatisticamente diferentes (P<0,05)

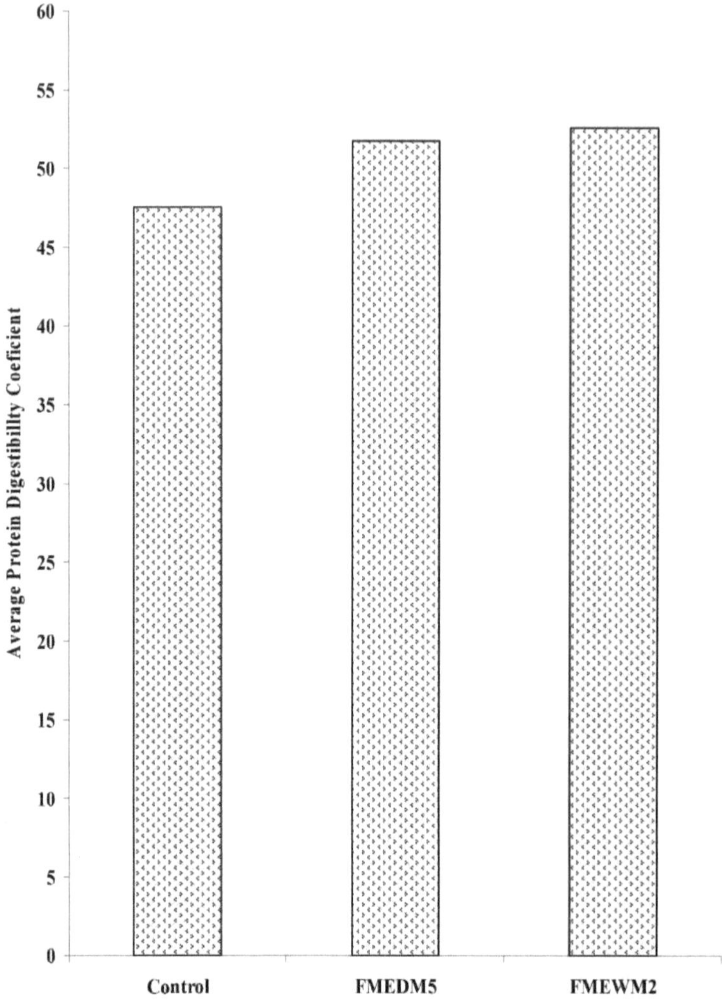

Fig. 22: Coeficiente médio de digestibilidade das proteínas de M. rosenbergii alimentada com diferentes dietas

4.3.2 Análise de carcaças

4.3.2.1. Retenção aparente de proteínas

A retenção média de proteína aparente de M. rosenbergii é dada na Tabela 21.0. A retenção de proteína aparente máxima e mínima foi de 63,79 e 46,96 nas dietas testadas $FMEWM_2$ e dieta de controlo, respetivamente (Fig. 23). A ANOVA revelou que a retenção aparente de proteínas foi significativamente diferente ($P<0,05$) entre os grupos de dietas testados (Tabela 21.1).

O teste de diferença mínima significativa concluiu que a retenção média de proteína aparente para camarões alimentados com as dietas FMEWM2 e FMEDM5 mostrou significativamente

(P<0,05) melhor desempenho em relação à dieta de controlo (Tabela 21.2).

4.3.2.2.Retenção aparente de lípidos

A retenção média de lípidos aparentes observada em M. rosenbergii alimentado com as dietas de ensaio durante o período experimental é apresentada na Tabela 22.0. A maior (27,18) retenção lipídica aparente foi obtida na dieta FMEWM2 e a menor (18,20) obtida na dieta de controlo (Fig. 24). A ANOVA indicou diferença significativa (P<0,05) entre os tratamentos (Tabela 22.1).

O teste da diferença mínima significativa mostrou que as dietas FMEWM2 e FMEDM5 foram significativamente diferentes (P<0,05) para a retenção aparente de lípidos em comparação com a dieta de controlo (Tabela 22.2).

Quadro 21.0 Retenção média aparente de proteínas de M. rosenbergii alimentada com diferentes dietas durante 15 dias

Parameters	**Diets**		
	Control	**FMEDM$_5$**	**FMEWM$_2$**
Initial protein (%)	57.7913	57.7913	57.7913
Final protein (%)	61.6491 (±0.092)	64.4210 (±0.177)	64.7430 (±0.260)
Protein intake (g)	0.0826 (±0.003)	0.1087 (±0.002)	0.1092 (±0.002)
Apparent protein retention	46.9517 (±1.40)	61.0380 (±1.58)	63.7954 (±1.15)

(Os valores entre parênteses são ± E.S.)

Tabela 21.1 Tabela ANOVA para a retenção proteica aparente de M. rosenbergii alimentado com dietas durante 15 dias

Source of Variation	**Sum of Squares**	**Degree of Freedom**	**Mean Square**	**F Value**
Total	1384.9040	20		
Diets	1142.7278	2	571.3639	42.4672*
Error	242.1761	18	13.4542	

*Significativo (P<0,05)

Tabela 21.2 Classificação de acordo com a retenção média de proteína aparente (LSD = 4,1193)

Rank	**3**	**2**	**1**
Diets	**FMEWM$_2$**	**FMEDM$_5$**	**Control**
Apparent protein retention	63.7954^{a}	61.0380^{ab}	46.9517^{c}

a, b, c: As médias com diferentes sobrescritos são estatisticamente diferentes ($P<0,05$)

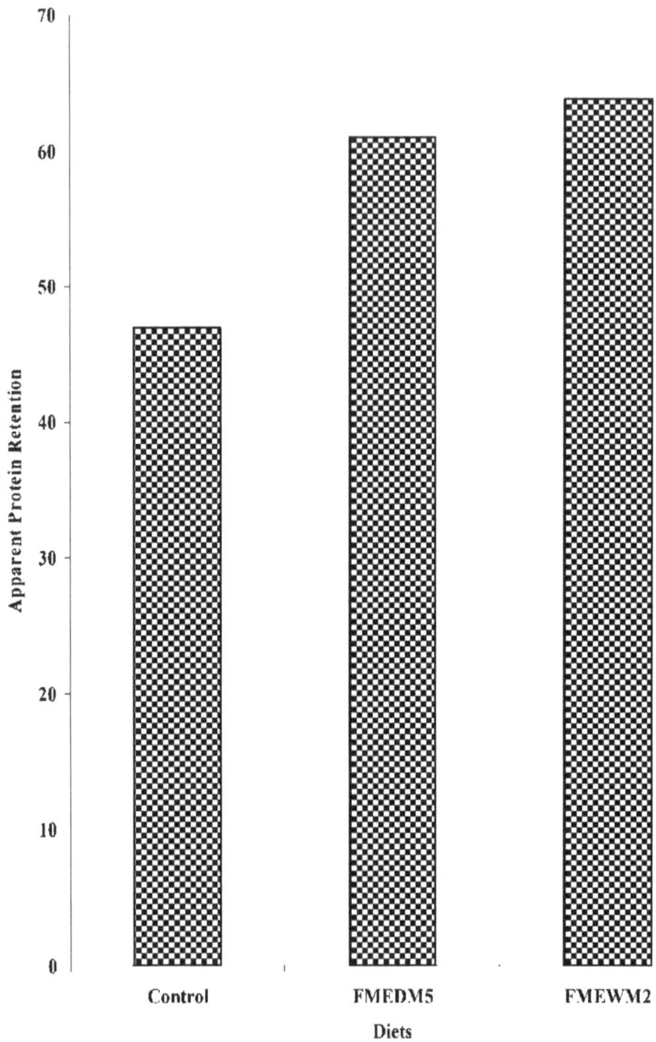

Fig. 23: Retenção média aparente de proteínas de M. rosenbergii alimentada com diferentes dietas

Quadro 22.0 Retenção lipídica aparente média de M. rosenbergii alimentada com diferentes dietas durante 15 dias

Parameters	Diets		
	Control	$FMEDM_5$	$FMEWM_2$
Initial lipid (%)	4.50	4.50	4.50
Final lipid (%)	4.7567 (±0.003)	4.9078 (±0.007)	4.9662 (±0.003)
Lipid intake (g)	0.0088 (±0.0003)	0.0113 (±0.0002)	0.0116 (±0.0002)
Apparent lipid retention	29.3632 (±1.24)	36.1319 (±0.84)	40.1393 (±0.87)

(Os valores entre parênteses são ± E.S.)

Tabela 22.1 Tabela ANOVA para a retenção lipídica aparente de M. rosenbergii alimentado com dietas durante 15 dias

Source of Variation	Sum of Squares	Degree of Freedom	Mean Square	F Value
Total	541.2186	20		
Diets	415.3322	2	207.6661	29.6934*
Error	125.8863	18	6.4937	

*Significativo (P<0,05)

Quadro 22.2 Classificação segundo a retenção média aparente de lípidos (LSD = 2,9699)

Rank	3	2	1
Diets	$FMEWM_2$	$FMEDM_5$	Control
Digestible energy ($kcal\ g^{-1}$)	40.1393^a	36.1319^b	29.3632^c

$^{a, b, c}$: As médias com diferentes sobrescritos são estatisticamente diferentes (P<0,05)

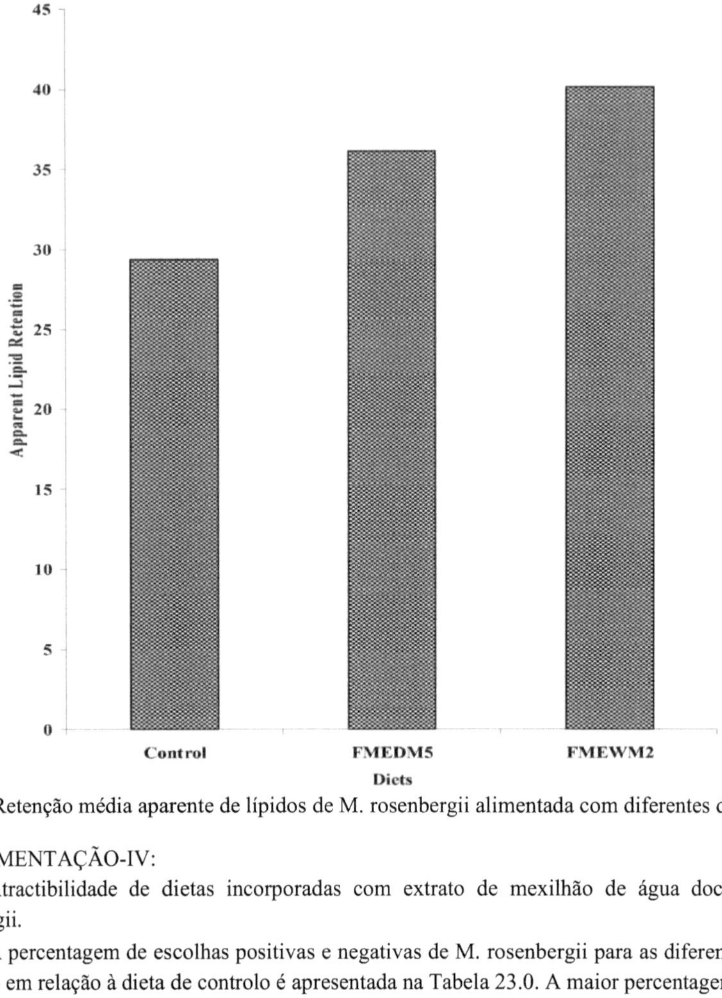

Fig. 24: Retenção média aparente de lípidos de M. rosenbergii alimentada com diferentes dietas

EXPERIMENTAÇÃO-IV:

Atractibilidade de dietas incorporadas com extrato de mexilhão de água doce em M. rosenbergii.

A percentagem de escolhas positivas e negativas de M. rosenbergii para as diferentes dietas de ensaio em relação à dieta de controlo é apresentada na Tabela 23.0. A maior percentagem (100%) de escolhas positivas foi obtida na dieta FMEWM2 do que nas restantes dietas (Fig. 25). A análise do qui-quadrado indicou uma diferença significativa (P<0,05) entre os tratamentos.

Quadro 23.0 Percentagem de escolhas positivas e negativas de M. rosenbergii alimentada com diferentes regimes alimentares

Diets	% positive choices	% negative choices
$FMEWM_1$	60	40
$FMEWM_2$	100	0
$FMEWM_3$	60	40
$FMERM_1$	60	40

$FMERM_2$	80	20
$FMERM_3$	60	20
$FMEDM_1$	40	40
$FMEDM_2$	60	40
$FMEDM_3$	60	40
$FMEDM_4$	60	20
$FMEDM_5$	80	20
$FMEDM_6$	40	40

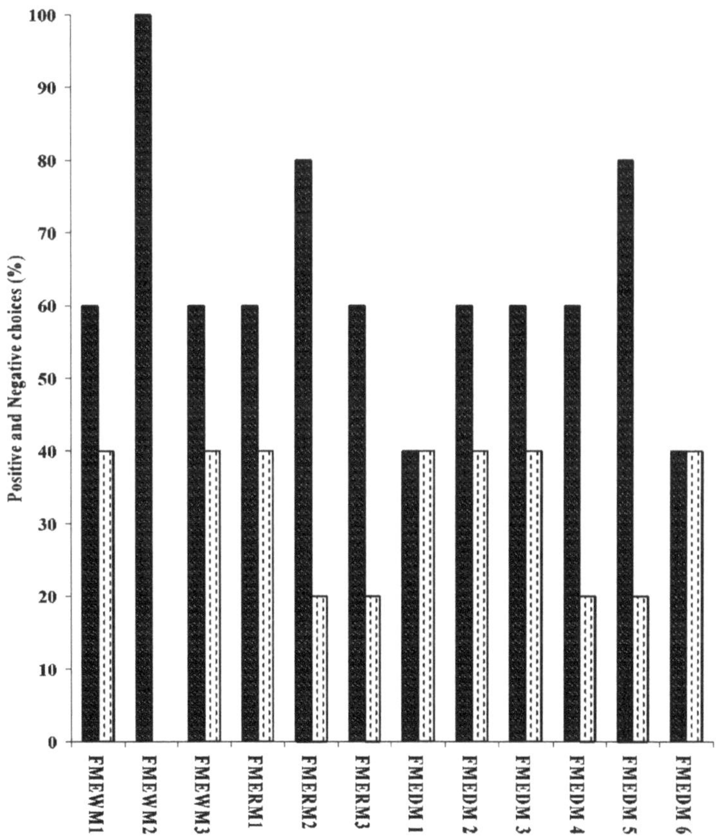

Fig. 25: Percentagem de escolhas positivas e negativas por M. rosenbergii alimentado com diferentes dietas

CAPÍTULO 5

DISCUSSÃO

A alimentação é um aspeto importante na criação de camarões de água doce, uma vez que o custo da alimentação contribui, por si só, para 50-60% do custo de produção. Qualquer poupança no custo da alimentação sem comprometer o crescimento e a sobrevivência do camarão refletir-se-á diretamente no lucro líquido. Os camarões não só comem lentamente, como também mordiscam os alimentos durante mais tempo. A deteção de alimentos nos camarões é provavelmente muito dependente de sinais químicos. Por conseguinte, é necessário incorporar atractivos e estimulantes alimentares nas rações dos camarões (Hindley, 1975). A adição de um atrativo na água estimula o camarão a procurar alimento (Harpaz, 1997). A utilização de um atrativo deverá aumentar a ingestão, resultando em menos desperdício de ração. A melhoria do consumo de ração torna-se mais importante para sistemas de cultura rentáveis.

Por conseguinte, o presente estudo foi realizado para garantir a eficiência dos extractos de mexilhão de água doce incorporados na ração experimental para o crescimento e sobrevivência de pós-larvas de M. rosenbergii.

Experiência I: Efeito do extrato de mexilhão de água doce de dietas com carne húmida e carne assada no crescimento e sobrevivência de pós-larvas de M. rosenbergii.

Durante o período de estudo, verificou-se um ganho máximo de comprimento (65,20%), ganho de peso (427,96%), taxa de crescimento específico (2,37) e taxa de sobrevivência (86,67%) no M. rosenbergii alimentado com 30 ml kg^{-1} de dieta incorporada com extrato de carne húmida de mexilhão de água doce (**FMEWM2**) durante 70 dias. A análise de covariância observou que a taxa de aumento do ganho de comprimento e do ganho de peso com o período de criação foi significativamente diferente ($P<0,05$) entre as dietas dadas às pós-larvas de M. rosenbergii.

Patil (2004) relatou um ganho de comprimento de 53,43% em pós-larvas de M. rosenbergii alimentadas com uma dieta contendo 37% de proteína durante 42 dias. Joshi (2004) observou um ganho de comprimento de 52,43% em pós-larvas de M. rosenbergii alimentadas com uma dieta formulada (37% de proteína) durante 42 dias. Hari e Kurup (2001) registaram um ganho de comprimento de 25,83% em M. rosenbergii alimentado com uma dieta que continha farinha de peixe não processada (27,5%), farinha de cabeça de camarão (5%), bagaço de óleo de amendoim (15%), bagaço de óleo de coco (5%), farelo de arroz (10%) e farinha de trigo (35,5%).

Indulkar e Belsare (2001) registaram um ganho de comprimento (66,98%) em pós-larvas alimentadas com uma dieta (41% de proteína) contendo farinha de peixe (20%), acetes (20%), bolo de óleo de amendoim, farelo de arroz, farinha de trigo e ovos de aves (cada 10%). Gitte e Indulkar (2005) também relataram que as pós-larvas de M. rosenbergii alimentadas com uma dieta formulada contendo pó de carne de perca rosa (30,93%) resultaram num ganho de comprimento (66,3%) durante 30 dias.

No presente estudo, o ganho de comprimento de 65,20% e 62,87% em pós-larvas de M. rosenbergii alimentadas com FMEWM2 e FMERM2 respetivamente foi significativamente maior ($P<0,05$) do que a dieta de controlo. Também foi superior a outros estudos relatados por Joshi (2004); Patil (2004) e Hari e Kurup (2001). No entanto, Indulkar e Belsare (2001) e Gitte e Indulkar (2005) observaram um ganho de comprimento superior ao do presente estudo. Tal pode dever-se a divergências na densidade de povoamento, no tamanho do povoamento e nos diferentes ingredientes utilizados no seu estudo, em comparação com o presente estudo.

A dieta incorporada de glicina betaína (5 g kg^{-1}) produziu um ganho de peso de 239,48% em M. rosenbergii (Felix e Sudharsan, 2004). Patil (2004) registou um ganho de peso de 194,41% em pós-larvas de M. rosenbergii alimentadas com uma dieta suplementar contendo 35% de proteínas. Joshi (2004) observou um ganho de peso (290,90%) em pós-larvas de M. rosenbergii alimentadas com uma dieta incorporada com L. sporogenes. Nair e Sheriff (1993) registaram um aumento de peso (216,62%) em M. rosenbergii alimentado com uma dieta que continha uma proporção de 1:1,5 amêijoas para tapioca. Reigh e Stickney (1989) registaram um ganho de peso de 101,2% em M. rosenbergii alimentado com uma dieta comercial de camarão. Baticados et al. (1986) registaram um aumento de peso (70%) em P. monodon alimentado com 14% de carne de mexilhão. A dieta contendo betaína mostrou um aumento de 17% no crescimento de M. rosenbergii (Harpaz, 1997). Gitte e Indulkar (2005) relataram que as pós-larvas de M. rosenbergii alimentadas (20% do peso corporal) com uma dieta formulada contendo pó de carne de perca-rosa (30,93%) durante 30 dias de criação em viveiro interior resultaram num aumento de peso (481,3%).

O ganho de peso (427,96%) observado nas pós-larvas de M. rosenbergii alimentadas com FMEWM2 foi significativamente mais elevado (P<0,05) do que a dieta de controlo observada no presente estudo. Este ganho de peso também foi superior aos estudos de Felix e Sudharsan (2004); Patil (2004); Joshi (2004); Nair e Sheriff (1993) e Reigh e Stickney (1989). Isto pode dever-se ao facto de a glicina, o ácido glutâmico, a alanina e a arginina estarem presentes no Lamellidens Sp. (Vasanthakumar et al.1980). A glicina e a arginina têm fortes propriedades quimioatractoras e os atractivos têm a capacidade de estimular o comportamento alimentar em M. rosenbergii (Costa-pierce e Laws, 1995; Harpaz et al. 1987).

Gitte e Indulkar (2005) registaram uma taxa de crescimento específico de 5,86% em pós-larvas de M. rosenbergii alimentadas com uma dieta com carne de perca rosa incorporada. Belsare (2004) registou uma taxa de crescimento específico de 3,20% em M. rosenbergii alimentada com uma dieta que continha 5% de pó de caroço de semente de manga. Hari e Kurup (2001) registaram uma taxa de crescimento específico de 3,09% em M. rosenbergii alimentado com fontes de proteínas disponíveis localmente em rações agrícolas. A taxa de crescimento específico foi de 4,16% em M. rosenbergii alimentado com 300 g kg^{-1} nível de proteína dietética relatado por Hari e Kurup (2003). Ali e Shahu (2002) relataram uma taxa de crescimento específico de 0,91% em pós-larvas de M. rosenbergii alimentadas com 5% de silagem de peixe fermentada na dieta durante 60 dias. Monteiro e Manissery (2002) observaram uma taxa de crescimento específico de 2,06% em M. rosenbergii alimentado com uma dieta de controlo com 57,20% de farinha de peixe.

Durante o presente estudo, foi registada uma taxa de crescimento específico de 2,37% em pós-larvas de M. rosenbergii alimentadas com a dieta FMEWM2, que foi significativamente mais elevada (P<0,05) em comparação com outras dietas. No presente estudo, a taxa de crescimento específico também foi mais elevada do que nos estudos de Ali e Shahu (2002) e Monteiro e Manissery (2002). A taxa de crescimento específico no presente estudo foi menor em comparação com Hari e Kurup (2001); Gitte (2003); Hari e Kurup (2003) e Belsare (2004). Tal pode dever-se à diferença no nível de proteínas das dietas e ao tamanho do animal utilizado na experiência.

No presente estudo, o ganho de peso, o ganho de comprimento e a taxa de crescimento específico em pós-larvas de M. rosenbergii alimentadas com uma dieta revestida com extrato de mexilhão de água doce (**FMEWM2**) foi significativamente melhor do que a dieta de controlo.

Nair e Sheriff (1993) também relataram percentagens de sobrevivência de M. rosenbergii alimentado com uma dieta contendo amêijoa e tapioca na proporção de 1:1,5. Murthy (2006) encontrou uma sobrevivência de 85% em M.rosenbergii alimentado com uma dieta contendo 7,5 g de atrativo alimentar durante um período de 60 dias. A sobrevivência de 50-80% foi encontrada em M. rosenbergii alimentado com dieta incorporada de Lamellidens na fase de berçário (Janardhana Rao e Janki Ram, 1993). Indulkar e Belsare (2001) registaram uma taxa de sobrevivência mais elevada de 85% em pós-larvas de M. rosenbergii. Felix e Sudharsan (2004) registaram 80% de sobrevivência nos juvenis de M. rosenbergii alimentados com 5% de glicina betaína na dieta durante 60 dias. Vasudevappa et al. (1993) registaram 80% de sobrevivência de M. rosenbergii alimentado com uma dieta incorporada com pó de folhas de amendoim.

No presente estudo, a taxa máxima de sobrevivência foi de 86,67% em pós-larvas de M. rosenbergii alimentadas com a dieta FMEWM2, o que foi mais elevado em comparação com os estudos de Murthy (2006); Felix e Sudharsan (2004); Janardhana Rao e Janki Ram (1993); Indulkar e Belsare (2001); Vasudevappa et al. (1993), exceto o relatado por Nair e Sheriff (1993).

Os parâmetros de qualidade da água registados encontravam-se dentro dos limites óptimos, exceto a temperatura, que variou entre 26,20ºC e 27,50ºC, o que foi inferior aos requisitos óptimos para M. rosenbergii (Boyd, 2004). Os valores dos parâmetros da água não diferiram significativamente entre os tratamentos.

Experiência II: Efeito do extrato de mexilhão de água doce da carne seca em pó incorporado na dieta no crescimento e sobrevivência das pós-larvas de M. rosenbergii.

Durante o período de estudo, o ganho máximo de comprimento (75,69%), o ganho de peso (418,94%), a taxa de crescimento específico (2,35) e a taxa de sobrevivência (96,67%) foram encontrados em pós-larvas de M. rosenbergii alimentadas com 60 ml kg^{-1} de dieta incorporada de extrato de carne seca de mexilhão de água doce (**FMEDM5**). A análise de covariância observou que a taxa de aumento do ganho de comprimento e do ganho de peso com o período de criação foi significativamente diferente ($P<0,05$) entre as dietas dadas às pós-larvas de M. rosenbergii durante 70 dias.

Joshi (2004) observou um ganho de comprimento de 52,43% em pós-larvas de M. rosenbergii alimentadas com uma dieta formulada (37% de proteína). Patil (2004) relatou um ganho de comprimento de 53,43% em pós-larvas de M. rosenbergii alimentadas com uma dieta contendo 37% de proteína. Hari e Kurup (2001) relataram que foi encontrado um ganho de comprimento de 25,83% em M. rosenbergii alimentado com uma dieta contendo farinha de peixe de lixo (27,5%), farinha de cabeça de camarão (5%), bolo de óleo de amendoim (15%), bolo de óleo de coco (5%), farelo de arroz (10%) e farinha de trigo (35,5%). Indulkar e Belsare (2001) registaram um ganho de comprimento (66,98%) nas pós-larvas de M. rosenbergii alimentadas com uma dieta (41% de proteínas) contendo farinha de peixe (20%), acetatos (20%), bagaço de óleo de amendoim, farelo de arroz, farinha de trigo e ovos de aves (cada 10%). Gitte e Indulkar (2005) relataram que as pós-larvas de M. rosenbergii alimentadas com uma dieta formulada contendo pó de carne de perca rosa (30,93%) resultaram num ganho de comprimento de 66,3% durante 30 dias.

O ganho de comprimento de 75,69% registado no presente estudo foi superior ao relatado por Indulkar e Belsare (2001); Hari e Kurup (2001); Joshi (2004); Patil (2004); Belsare (2004) e Gitte e Indulkar (2005). Durante o presente estudo, o ganho de comprimento em pós-larvas de M. rosenbergii alimentadas com a dieta FMEDM5 foi significativamente maior ($P<0,05$) do que a dieta de controlo.

Patil (2004) relatou que o ganho de peso de 194,41% em pós-larvas de M. rosenbergii alimentadas com dieta suplementar contendo 35% de proteína. A incorporação de glicina betaína (5 g kg^{-1}) na dieta produziu um ganho de peso de 239,48% em M. rosenbergii (Felix e Sudharsan, 2004). Joshi (2004) observou um aumento de peso (290,90%) em pós-larvas de M. rosenbergii alimentadas com uma dieta incorporada com L. sporogenes. Nair e Sheriff (1993) registaram um aumento de peso de 216,62% em M. rosenbergii alimentado com uma dieta que continha amêijoas e tapioca numa proporção de 1:1,5. Reigh e Stickney (1989) registaram um ganho de peso de 101,2% em M. rosenbergii alimentado com uma dieta comercial de camarão. Harpaz, (1997) observou um aumento de 17% no crescimento de M. rosenbergii alimentado com uma dieta contendo betaína.

No presente estudo, observou-se um ganho de peso máximo de 418,94% nas pós-larvas de M. rosenbergii alimentadas com a dieta FMEDM5, que foi significativamente superior (P<0,05) à dieta de controlo. O ganho de peso durante o presente estudo foi maior em comparação com Felix e Sudharsan (2004); Patil (2004); Joshi (2004); Hari e Kurup (2001); Nair e Sheriff (1993) e Reigh e Stickney (1989). Tal pode dever-se à presença de glicina, ácido glutâmico, alanina e arginina no mexilhão de água doce (Lamellidens Sp.), tal como referido por Vasanthakumar et al. (1980). A glicina e a arginina têm fortes propriedades quimioatractoras (Costa-pierce e Laws, 1995; Harpez et al. 1987).

Gitte e Indulkar (2005) registaram uma taxa de crescimento específico de 5,86% em pós-larvas de M. rosenbergii alimentadas com uma dieta com carne de perca rosa incorporada. Belsare (2004) registou uma taxa de crescimento específico de 3,20% em M. rosenbergii alimentada com uma dieta que continha 5% de pó de caroço de semente de manga. Hari e Kurup (2003) registaram uma taxa de crescimento específico de 4,16% em M. rosenbergii alimentado com uma dieta contendo 300 g kg^{-1} nível de proteína. Hari e Kurup (2001) registaram uma taxa de crescimento específico de 3,09% em M. rosenbergii alimentado com as fontes de proteínas disponíveis localmente nas rações agrícolas. Ali e Shahu (2002) relataram uma taxa de crescimento específico (0,91%) alimentada com 5% de silagem de peixe fermentada na dieta de pós-larvas de M. rosenbergii durante 60 dias. Monteiro e Manissery (2002) observaram uma taxa de crescimento específico máxima de 2,06% em M. rosenbergii alimentado com uma dieta de controlo com 57,20% de farinha de peixe.

A taxa de crescimento específico de 2,35% em pós-larvas de M. rosenbergii alimentadas com a dieta FMEDM5 foi observada no presente estudo, que foi significativamente maior (P<0,05) do que a dieta de controlo. Além disso, foi maior em comparação com Monteiro e Manissery (2002) e Ali e Shahu (2002). Isto pode dever-se a um maior consumo de ração do que a dieta de controlo. A taxa de crescimento específico no presente estudo foi menor em comparação com Hari e Kurup (2001); Gitte e Indulkar (2005); Hari e Kurup (2003) e Belsare (2004). Tal pode dever-se à diferença no nível de proteínas das dietas e ao tamanho do animal utilizado na experiência. Pode também dever-se à temperatura (26,65-27,31 °C) das pós-larvas de M. rosenbergii durante o presente estudo, tendo sido feitas observações semelhantes por (Niu et al. 2003).

No presente estudo, o ganho de peso, o ganho de comprimento e a taxa de crescimento específico em pós-larvas de M. rosenbergii alimentadas com uma dieta revestida com extrato de mexilhão de água doce (**FMEDM5**) foi melhor do que a dieta de controlo.

Nair e Sheriff (1993) registaram uma percentagem de sobrevivência de cem por cento em M. rosenbergii alimentado com uma dieta que continha uma proporção de 1:1,5 de amêijoa para tapioca. Uma observação semelhante foi feita por Hari e Kurup (2001), que registaram uma taxa de sobrevivência de 96,67% em M. rosenbergii alimentado com uma dieta que continha fontes de proteínas disponíveis localmente. Murthy (2006) observou 85% de sobrevivência em M.rosenbergii alimentado com uma dieta que continha 7,5 g de atrativo alimentar durante 60 dias. Felix e Sudharsan (2004) registaram 80% de sobrevivência nos juvenis de M. rosenbergii alimentados com 5% de glicina betaína na dieta durante 60 dias. Os camarões de água doce alimentados com Lamellidens incorporado na dieta resultaram numa sobrevivência de 50-80% de M. rosenbergii (Janardhana Rao e Janki Ram, 1993). Vasudevappa et al. (1993) relataram que 80% de sobrevivência de M. rosenbergii alimentado com dieta incorporada com pó de folha de amendoim.

No presente estudo, a taxa máxima de sobrevivência foi de 96,67% em M. rosenbergii alimentado com a dieta $FMEDM_5$, que não foi significativamente diferente entre as dietas. Foi uma taxa de sobrevivência mais elevada em comparação com estudos relatados por Murthy (2006); Felix e Sudharsan (2004); Janardhana Rao e Janki Ram (1993); Vasudevappa et al. (1993), exceto o relatado por Nair e Sheriff (1993).

Os parâmetros de qualidade da água registados estavam dentro do limite ótimo (Boyd, 2004), exceto a temperatura, que variou entre 26,65°C e 27,31°C e não mostrou qualquer variação significativa. Os valores dos parâmetros da água não diferiram significativamente entre os tratamentos.

Experiência-III: Estudo bioenergético em M. rosenbergii alimentado com dietas incorporadas com extrato de mexilhão de água doce.

Durante o presente estudo, os parâmetros bioenergéticos viz, rácio de conversão alimentar (2,83), rácio de eficiência proteica (1,08), assimilação (0,326 g), eficiência bruta de crescimento (35,85%), eficiência de assimilação (99,07%), taxa de crescimento relativo (0,0175), coeficiente de digestibilidade proteica (52,57%), retenção proteica aparente (63,79) e retenção lipídica aparente (27,18) foram registados com 30 ml kg de dieta de extrato de mexilhão^{-1} (**FMEWM2**) em M. rosenbergii durante 15 dias.

Joshi (2004) relatou uma taxa de conversão alimentar de 2,64 em M. rosenbergii alimentado com uma dieta contendo farinha de peixe, bolo de óleo de amendoim, farinha de trigo e farelo de arroz durante 10 dias. Belsare (2004) relatou que o rácio de conversão alimentar (1,82) em pós-larvas de M. rosenbergii alimentadas com uma dieta durante 10 dias. Hari e Kurup (2003) relataram um rácio de conversão alimentar de 2,62 em M. rosenbergii alimentado com uma dieta contendo diferentes rácios de proteína vegetal e animal. Nair e Sheriff (1993) registaram um rácio de conversão alimentar de 6,85 em M. rosenbergii alimentado com uma dieta que continha uma proporção de amêijoa e tapioca de 1:4. Hari e Kurup (2001) registaram um rácio de conversão alimentar de 3,92 em M. rosenbergii alimentado com uma dieta. Ali e Sahu (2002) observaram um rácio de conversão alimentar de 3,46 em M. rosenbergii alimentado com dieta. Felix e Sudharsan (2004) observaram um rácio de conversão alimentar (2,12) em juvenis de M. rosenbergii com uma dieta incorporada com glicina betaína.

A melhor taxa de conversão alimentar registada durante o presente estudo foi de 2,83 e 3,09 para o M. rosenbergii alimentado com FMEWM2 (30 ml kg^{-1} de extrato de carne húmida) e FMEDM5 (60 ml kg^{-1} de extrato de carne seca) que foram significativamente diferentes ($P<0,05$) da dieta de controlo (3,66). Os valores observados do rácio de conversão alimentar foram melhores em comparação com Nair e Sheriff; 1993; Ali e Sahu (2002); e Hari e Kurup, (2001). O melhor rácio de conversão alimentar obtido em FMEWM2 e FMEDM5 deveu-se ao elevado consumo de ração e pode dever-se às elevadas percentagens de glicina, alanina, ácido glutâmico e arginina presentes no mexilhão de água doce (Vasanthakumar et al. 1980). No entanto, a taxa de conversão alimentar registada no presente estudo foi inferior à de Hari e Kurup (2003); Belsare (2004); Felix e Sudharsan (2004) e Joshi (2004). Isto pode dever-se a variações no tamanho dos animais, na ração alimentar e na duração da experiência.

Belsare (2004) registou um rácio de eficiência proteica de 1,56 em M. rosenbergii alimentado com uma dieta incorporada com 15% de pó de casca de manga. Patil (2004) observou um rácio de eficiência proteica de 1,75 em M. rosenbergii alimentado com uma dieta. Joshi (2004) registou um rácio de eficiência proteica de 0,985 em M. rosenbergii alimentado com a dieta. Hari e Kurup (2003) alimentaram M. rosenbergii com uma dieta incorporada com farinha de peixe de lixo, farinha de cabeça de camarão, bolo de óleo de amendoim e farelo de arroz e o rácio de eficiência proteica observado foi de 1,33. Dietas incorporadas com silagem de peixe fermentada dadas a M. rosenbergii mostraram um rácio de eficiência proteica (0,85) por Ali e Sahu (2002). O rácio de eficiência proteica observado por Hari e Kurup (2001) foi de 1,16 em M. rosenbergii alimentado com uma dieta incorporada com farinha de carne de bovino.

O rácio de eficiência proteica máximo (1,08) observado no presente estudo foi com a dieta **FMEWM2**, que foi significativamente diferente (P<0,05) da dieta de controlo, exceto a dieta FMEDM5. Também o rácio de eficiência proteica atual foi melhor do que o de Joshi (2004) e Ali e Sahu (2002). O rácio de eficiência proteica mais elevado no presente estudo pode dever-se a um maior consumo de proteína seca (0,1092 e 0,1087 g de camarão^{-1} 15 dias^{-1}).

Belsare (2004) observou uma assimilação de 0,05 g em M. rosenbergii alimentado com uma dieta contendo 15% de pó de casca de manga. Joshi (2004) encontrou uma assimilação de 0,0565 g em M. rosenbergii alimentado com uma dieta incorporada com farinha de peixe, bagaço de óleo de amendoim, farinha de trigo e farelo de arroz. Patil (2004) registou uma assimilação de 0,065 g em M. rosenbergii alimentado com uma dieta de ensaio. Shikhare (2007) observou uma assimilação de 0,3 g em P. monodon alimentado com uma dieta revestida com 30 ml kg^{-1} de extrato de carne húmida de amêijoa durante 15 dias.

A assimilação observada no presente estudo foi de 0,3261 e 0,3172, que foi maior e significativamente diferente (P<0,05) em M. rosenbergii alimentado com a dieta FMEWM2 e FMEDM5 do que a dieta de controlo. A assimilação registada em M. rosenbergii alimentado com dietas revestidas com extrato foi superior aos estudos relatados por Belsare (2004); Joshi (2004) e Patil (2004) para M. rosenbergii e Shikhare (2007) para P. monodon. A assimilação máxima nas dietas de ensaio do que no controlo pode dever-se ao aumento do consumo de ração em M. rosenbergii. No presente estudo, as dietas revestidas com extractos de mexilhão de água doce aumentaram o consumo de ração até 0,0214 e 0,0219 g de camarão^{-1} dia^{-1} em comparação com o controlo (0,0098 g de camarão^{-1} dia^{-1}). O aumento do consumo de ração foi registado devido à capacidade de atração das dietas revestidas com extractos em relação à dieta de controlo ou à presença de aminoácidos livres como a glicina, a alanina, o ácido glutâmico e a arginina (Vansanthakumar, 1980).

Joshi (2004) observou uma eficiência de assimilação de 97,40% em M. rosenbergii alimentado com uma dieta incorporada com farinha de peixe, bagaço de óleo de amendoim, farinha de trigo e farelo de arroz. Belsare (2004) observou uma eficiência de assimilação de 95,99% em M. rosenbergii alimentado com uma dieta de ensaio. Patil (2004) registou uma eficiência de assimilação de 93,59% em M. rosenbergii alimentado com a dieta de ensaio. Shikhare (2007) registou uma eficiência de assimilação de 95,07% em P. monodon alimentado com a dieta de ensaio.

A eficiência máxima de assimilação observada no presente estudo foi de 99,07% e 98,63% no M. rosenbergii alimentado com as **dietas** FMEWM2 e FMEDM5, que foi significativamente mais elevada (P<0,05) do que as dietas de controlo. Além disso, a eficiência de assimilação registada em M. rosenbergii alimentado com dietas revestidas com extrato foi superior aos estudos relatados por Belsare (2004); Joshi, (2004); Patil (2004) para M. rosenbergii e para P. monodon relatados por Shikhare (2007). A eficiência de assimilação mais elevada nas dietas de ensaio do que no controlo pode dever-se ao aumento do consumo de ração em M. rosenbergii. O aumento do consumo de ração pode dever-se à presença dos aminoácidos livres necessários no mexilhão de água doce (Vasanthakumar et al.1980).

Joshi (2004) observou uma eficiência de crescimento bruto de 37,95% em M. rosenbergii alimentado com uma dieta incorporada com farinha de peixe, bagaço de óleo de amendoim, farinha de trigo e farelo de arroz. Patil (2004) registou uma eficiência de crescimento bruto de 61,31% em M. rosenbergii. Belsare (2004) registou uma eficiência de crescimento bruto de 54,84% em M. rosenbergii alimentado com uma dieta incorporada com 15% de pó de casca de manga. Shikhare (2007) registou uma eficiência de crescimento bruto de 53,86% em P. monodon alimentado com uma dieta de ensaio.

A eficiência de crescimento bruto de M. rosenbergii nesta experiência foi de 35,86% e 32,73 em M. rosenbergii alimentado com a dieta FMEWM2 e FMEDM5, que foram significativamente diferentes (P<0,05) da dieta de controlo. A eficiência bruta de crescimento foi menor do que os estudos relatados por Belsare (2004); Joshi (2004); Patil (2004) e Shikhare (2007). Isso pode ser devido ao efeito da baixa temperatura (26°C a 27,5°C) durante o período experimental (Niu et al. 2003).

Joshi (2004) observou uma taxa de crescimento relativo de 0,017 em M. rosenbergii alimentado com uma dieta incorporada com farinha de peixe, bagaço de óleo de amendoim, farinha de trigo e farelo de arroz. Patil (2004) registou uma taxa de crescimento relativo de 0,0182 em M. rosenbergii alimentado com uma dieta. Belsare (2004) registou uma taxa de crescimento relativo de 0,018 em M. rosenbergii alimentado com uma dieta incorporada com 15% de pó de casca de manga. Felix e Sudharsan (2004) registaram uma melhor taxa de crescimento por dia nas dietas incorporadas com glicina betaína em M. rosenbergii. Shikhare (2007) registou uma taxa de crescimento relativo de 0,0178 em P. monodon alimentado com uma dieta de ensaio.

Durante o presente estudo, foram registadas taxas máximas de crescimento relativo de 0,0175 e 0,0161 em M. rosenbergii alimentado com as **dietas** FMEWM2 e FMEDM5, respetivamente, que diferem significativamente (P<0,05) das outras dietas. O aumento do crescimento em dietas revestidas com extrato pode dever-se aos aminoácidos livres (alanina, glicina, arginina e ácido glutâmico), nucleótidos e nucleósidos presentes no extrato (Ohsugi, 1978; Heinen, 1980 e Hara, 1992). Uma observação semelhante foi registada por Joshi (2004).

O rácio de conversão alimentar, o rácio de eficiência proteica, a assimilação, a eficiência bruta de crescimento, a eficiência de assimilação e a taxa de crescimento relativo dependem do consumo de alimentos.

Patil (2004) registou um coeficiente de digestibilidade das proteínas de 65,49% em pós-larvas de M. rosenbergii. Belsare (2004) observou um coeficiente de digestibilidade das proteínas de 67,60% em M. rosenbergii alimentado com dietas contendo 15% de pó de casca de manga. A M. rosenbergii alimentada com uma dieta incorporada com farinha de peixe, bagaço de óleo de amendoim, farinha de trigo e farelo de arroz resultou num coeficiente de digestibilidade das proteínas de 75% (Joshi, 2004). Shikhare (2007) observou um coeficiente de digestibilidade das proteínas de 89,87% em P. monodon alimentado com dietas revestidas com 30 ml kg^{-1} de extrato de carne húmida de amêijoa.

Observou-se um melhor coeficiente de digestibilidade das proteínas (52,57% e 51,77%) na M. rosenbergii alimentada com as dietas FMEWM2 e FMEDM5, respetivamente, que foram significativamente diferentes (P<0,05) da dieta de controlo no presente estudo. Isso pode ser devido ao consumo de proteína seca de alta qualidade. O coeficiente de digestibilidade das proteínas no presente estudo foi mais baixo do que o registado por Belsare (2004), Joshi (2004) e Patil (2004); tal pode dever-se a disparidades no teor de proteínas da dieta, fontes de proteínas ou diferentes teores de energia digestível.

Hodekar (2005) observou uma retenção aparente de proteínas de 151,85% em M. rosenbergii alimentado com 157 mg de proteína $kcal^{-1}$ rácio proteína:energia, respetivamente. Ali e Sahu (2002) observaram uma proteína bruta corporal final de 71,42% em M. rosenbergii alimentado com uma dieta incorporada com silagem de peixe fermentada, que foi superior à proteína bruta inicial. Gupta (2007) relatou um aumento da proteína bruta final (2,7%) na carcaça de M. rosenbergii em comparação com a dieta de controlo quando alimentado com uma dieta isonitrogénica e isocalórica durante 135 dias, tendo farinha de peixe e farinha de soja como principais fontes de proteína.

Observou-se uma maior retenção aparente de proteínas, 63,79% e 61,04%, em M. rosenbergii alimentado com as dietas FMEWM2 e FMEDM5, respetivamente, e verificou-se que eram significativamente diferentes (P<0,05) da dieta de controlo. Isso pode ser devido ao consumo de proteína seca de alta qualidade. Os níveis de proteína bruta da carcaça variam consoante os níveis de proteína da dieta. Por conseguinte, a retenção aparente de proteínas não foi comparada com outros relatórios.

Gupta (2007) relatou que o conteúdo total de lípidos aumentou (5,66%) na carcaça de M. rosenbergii em comparação com a dieta de controlo. Além disso, Ali e Sahu (2002) observaram um máximo de gordura bruta no corpo final (6,02%) em M. rosenbergii alimentado com uma dieta incorporada com silagem de peixe fermentada, que era mais do que o teor inicial de gordura bruta. Shikhare (2007) registou uma retenção aparente de lípidos de 27,17 em P. monodon alimentado com uma dieta de ensaio.

Observou-se uma retenção aparente de lípidos de 40,14% e 36,13% em M. rosenbergii alimentado com as dietas FMEWM2 e FMEDM5, respetivamente, que foi significativamente mais elevada (P<0,05) do que a dieta de controlo. No presente estudo, a dieta mostrou uma maior retenção de lípidos aparentes, melhor do que a relatada por Shikhare (2007). O aumento da retenção aparente de lípidos na dieta testada, em comparação com a dieta de controlo, pode dever-se à ingestão de lípidos e ao perfil lipídico da fonte alimentar natural.

Experiência-IV: Atractibilidade dos extractos de mexilhão de água doce incorporados na dieta de M. rosenbergii.

Durante o presente estudo, o M. rosenbergii foi mais atraído (100%) para a dieta revestida com 30 ml kg^{-1} de extrato de carne húmida de mexilhão de água doce, o que mostrou uma diferença significativa em relação à dieta de controlo. Também o M. rosenbergii foi atraído pelas dietas revestidas com extractos de mexilhão de água doce do que pela dieta de controlo.

Os extractos de mexilhão estimulam o apetite dos animais (Mackie e Mitchell, 1985; Mearns et al., 1987; Hara, 1992). Heinen (1980) referiu que as substâncias de baixo peso molecular dos extractos de materiais naturais são atractivas para os crustáceos. Hara (1992) também referiu que os fluidos corporais e os tecidos de organismos que são presas naturais contêm substâncias como aminoácidos livres, nucleótidos, nucleósidos e bases de amónio quaternário que actuam como estimulantes da alimentação.

No presente estudo, mostrou-se que o máximo (100%) de M. rosenbergii foi atraído para a dieta revestida com extrato de mexilhão de água doce 30 ml kg^{-1} (**FMEWM2**) e foi superior a todas as restantes dietas. Isto pode dever-se à capacidade de atração dos extractos. Porque a gilcina, o ácido glutâmico, a alanina e a arginina tinham 302,101,80,58 resíduos/1000 resíduos de aminoácidos, respetivamente, presentes no colagénio do pé do mexilhão de água doce (Lamellidens Sp.), tal como referido por Vasanthakumar et al.(1980). A glicina e a arginina têm fortes propriedades quimioatraentes (Costa-pierce e Laws, 1995; Harpez et al. 1987). Também Mackie et al. (1980) observaram a presença de ácido L-glutâmico, glicina, L-alanina e glicina-betaína nas dietas aromatizadas com carne de mexilhão azul. Também Wilson e Cowey (1985) registaram a presença de ácido glutâmico, glicina e arginina no mexilhão azul. Fatima (1996) afirmou que o mexilhão verde contém alanina, glicina, ácido glutâmico e arginina, que desempenham um papel de estimulantes alimentares nos crustáceos.

Montemayor (2002) relatou que o extrato solúvel de peixe (2.965), a putrescina (0.30), e o extrato solúvel de caranguejo vermelho (2.69%) foram encontrados como atractivos, quando adicionados à ração peletizada comum resultaram num melhor desempenho como isco para o lagostim vermelho do pântano, Prorambrus clarkii.

A dieta revestida com 30 ml kg^{-1} de extrato de carne húmida de água doce foi superiormente atractiva do que as outras dietas na presença de aminoácidos livres, nucleótidos e outros compostos azotados incorporados. Outra razão pode ser devida à pluma química libertada pelas rações revestidas que atrai os indivíduos para a ração. Lee e Meyers (1997) mencionaram a utilização de quimioatractores ou estimulantes da alimentação para melhorar a palatabilidade inicial e a taxa global de alimentação. A alimentação é uma despesa significativa na aquicultura do camarão de água doce. Os quimio-atractores ou estimulantes alimentares preparados utilizando organismos disponíveis localmente poderiam maximizar o consumo de ração e reduzir os desperdícios de ração para aumentar o sucesso económico.

CAPÍTULO 6

RESUMO

Foi estudado o efeito dos extractos de carne de mexilhão de água doce no crescimento (ganho de comprimento, ganho de peso e taxa de crescimento específico), na sobrevivência, no rácio de conversão alimentar, no rácio de eficiência proteica, na assimilação, na eficiência de assimilação, na eficiência bruta de crescimento, na taxa de crescimento relativo, no coeficiente de digestibilidade proteica, na retenção proteica aparente e na retenção lipídica aparente do M. rosenbergii.

Os extractos de carne de mexilhão de água doce foram preparados a partir de L. marginalis. As dietas experimentais foram preparadas pulverizando o extrato de mexilhão de água doce na dieta basal. Três concentrações de carne húmida e extrato de carne torrada (20, 30 e 40 ml kg^{-1} feed) foram pulverizadas na dieta basal na experiência I. Enquanto seis concentrações de extrato de carne seca em pó (20, 30, 40, 50, 60 e 70 ml kg^{-1} feed) foram pulverizadas na dieta basal na experiência-II. As dietas suplementadas com extrato de carne húmida e extrato de carne torrada foram utilizadas na experiência I, ao passo que as dietas suplementadas com extrato de carne seca em pó foram utilizadas na experiência II e o melhor tratamento das experiências I e II, juntamente com a dieta de controlo, foi utilizado na experiência III. Foi aplicado um projeto completamente aleatório com três réplicas para cada tratamento.

O resultado dos estudos actuais é resumido da seguinte forma:

6.1.Experiência I:

O ganho máximo de comprimento (65,20%), ganho de peso (427,96%), taxa de crescimento específico (2,3728%) e sobrevivência (86,67%) foram registados nas pós-larvas de M. rosenbergii alimentadas com a dieta FMEWM2. As dietas FMEWM2 (30 ml kg^{-1} extrato de mexilhão de água doce a partir de carne húmida) e FMERM2 (30 ml kg^{-1} extrato de mexilhão de água doce a partir de carne assada) apresentaram um crescimento significativamente mais elevado ($P<0,05$) em comparação com as outras dietas. A taxa de sobrevivência variou entre 76,67 e 86,67% e, como tal, a taxa de sobrevivência não foi influenciada pela incorporação do extrato de carne de mexilhão de água doce.

6.2.Experiência II:

O maior ganho de comprimento (75,69%), ganho de peso (418,94%), taxa de crescimento específico (2,351%) e sobrevivência (96,67%) foram observados em pós-larvas de M. rosenbergii alimentadas com a dieta FMEDM5. As pós-larvas de M. rosenbergii alimentadas com as dietas FMEDM5 (60 ml kg^{-1} extrato de mexilhão de água doce a partir de carne seca) e FMEDM4 (50 ml kg^{-1} extrato de mexilhão de água doce a partir de carne seca em pó) apresentaram um melhor crescimento ($P<0,05$) em comparação com as restantes dietas testadas.

6.3.Experiência III:

O rácio de conversão alimentar (2,83 e 3,09), a assimilação (0,3261 e 0,3172), a eficiência média de assimilação (99,07 e 99,02%), a eficiência bruta de crescimento (35,85 e 32,73%), a taxa de crescimento relativo (0,0175 e 0.0161), coeficiente de digestibilidade proteica (52,53 e 51,77%) e retenção proteica aparente (63,79 e 61,03) de M. rosenbergii alimentado com FMEWM2 (30 ml kg^{-1}) e FMEDM5 (60 ml kg^{-1}) foram observados significativamente mais elevados ($P<0,05$) do que a dieta de controlo.

O rácio de eficiência proteica (1,08) de M. rosenbergii alimentado com **FMEWM2** (30 ml kg^{-1}) não foi significativo ($P>0,05$) com FMEDM5 (60 ml kg^{-1}) mas significativamente diferente ($P<0,05$) da dieta de controlo.

A retenção aparente de lípidos (40,14) da M. rosenbergii alimentada com **FMEWM2** (30 ml kg^{1}) foi significativamente diferente ($P<0,05$) das outras dietas.

6.4.Experiência IV:

Durante o presente estudo, o maior número (100%) de camarões foi atraído para a dieta revestida com 30 ml kg^{-1} (**FMEWM2**) de extrato. Os camarões foram mais atraídos pelas dietas revestidas com extractos de mexilhão de água doce do que pela dieta de controlo.

6.5.Conclusão

O presente estudo indica que 30 ml kg^{-1} de carne húmida e 60 ml kg^{-1} de extrato em pó de carne seca de mexilhão de água doce (L. marginalis) foram melhores para aumentar o crescimento de pós-larvas de M. rosenbergii em condições laboratoriais.

CAPÍTULO 7

REFERÊNCIAS

Ache, B.W., 1982. Quimiorreceção e Termorrecepção. In: Atwood, H.L., Sandeman, D.C. (Eds.), The biology of crustacea. Neurobiology: Structure and Function. Imprensa académica, Inc. Ltd. Londres. pp. 369-398.

Ali, S., Sahu, N.P., 2002. Respostas de juvenis de Macrobrachium rosenbergii (de Man) a silagens de peixe como substitutos da farinha de peixe em dietas secas. Asian Fisheries Science 15, 61-71.

AOAC, 1995. Official Methods of Analysis, 15th ed. Association of Official Analytical Chemist, Washington, D.C. 1094 pp.

APHA, 1998. Standard Methods for the Examination of Water and Wastewater. Em: Clesceri, L.S., Greenberg, A.E., Eaton, A.D. (Eds.), American Public Health Association, American Water Works Association.Water Environment Federation,Washington DC, USA.

Baticados, M.C.L., Coloso, R.M., Duremdez, R.C., 1986. Estudos sobre o síndroma crónico da carapaça mole no camarão-tigre, Penaeus monodon Fabricius, de tanques de água salobra. Aquaculture 56, 271-285.

Belsare, S.S., 2004. Utilização de resíduos da indústria de polpa de manga para a criação de pós-larvas de Macrobrachium rosenbergii. Tese de mestrado. Dr. Balasaheb Sawant Konkan Krishi Vidyapeeth. Dapoli, Maharashtra. 69 pp.

Bojan, J., 2003. Status of scampi farming in India. In: Simpósio internacional sobre camarões de água doce, 22-30 de agosto de 20003, Kochi, Índia, 14.

Bojan, J., 2006. Questões relativas à produção: Controlo da qualidade e exportação de peixe e produtos da pesca da Índia. Fishing Chimes 26, 20-22.

Boyd, C.E., 1982. Water quality management for pond fish culture. Elsevier Scientific Publishing Company, Amsterdão, 318 pp.

Boyd, C.E., Zimmerman, S., 2004. Sistemas de cultivo - qualidade da água e gestão do solo. In: New, M. B., Valenti, W. C., (Eds.), Freshwater Prawn Culture-The farming of Macrobrachium rosenbergii, Blackwell Publishing Inc., Malden, USA, pp. 221-238.

Burke, M.J., Hansford, S.W., Marsden, G.Y., McGuren, J.J., 1997. Uma dieta artificial húmida para a criação de camarões; o seu efeito sobre o desempenho reprodutivo variável de Penaeus monodon capturado na natureza. Aquaculture 149, 145-156.

Carr, W.E.S., 1978. Chemoreception in the shrimp, Palaemonetes pugio: the role of amino acids and betaine in elicitation of a feeding response by extracts. Comp. Biochem. Physiol. 61A, 127-132.

Carr, W.E.S., Derby, C.D., 1986. Quimioatractores comportamentais para o camarão, Palaemonetes pugio: identificação de componentes activos em extractos alimentares e provas de interações sinérgicas de misturas. Chem. Senses 11, 49-64.

*Carr, W.E.S., 1988. A natureza molecular dos estímulos químicos no ambiente aquático. In: Atema, J., Fay, R.R., Popper, A. N., Tavolga, W.N. (Eds.), Sensory Biology of Aquatic Animals.

Springer-Verlag, Nova Iorque, EUA, pp. 327.

Carr, W.E.S., Netherton, J.C., Gleeson, R.A., Darby, C.D., 1996. Stimulants of feeding behaviour in fish: analysis of tissues of diverse marine organisms (Estimulantes do comportamento alimentar em peixes: análise de tecidos de diversos organismos marinhos). Biol. Bull. 190, 149-160.

Chen, S., Chen, J., 2003. Efeitos do pH na sobrevivência, crescimento, muda e alimentação do camarão gigante de água doce Macrobrachium rosenbergii. Aquaculture 218, 613- 623.

Coman, G. J., Sarac, H. Z., Fielder, D., Thorne, M., 1996. Avaliação de aminoácidos cristalinos, betaína e AMP como atractivos alimentares do camarão-tigre gigante (Penaeus monodon). Comp. Biochem. Physiol.-A 113, 247-253.

Costero, M., Meyers, S.P., 1994. Avaliação da quimiorreceção por Penaeus vannamei Boone em condições experimentais. Progve. Fish-Cult. 55, 157162.

*Costa-Pierce, B.A., Law, E. A., 1995. Aditivo quimicamente ativo para a alimentação do camarão Macrobrachium rosenbergii. Progve. Fish-Cult. 47, 59-61

Dethier, V.G., Browne, L., Smith, C.N., 1960. A designação de produtos químicos em termos das respostas que provocam nos insectos. J. Econ. Entomol. 53, 134-136.

Durairaj, S., Chandra Sekaran, G., Maheswary, U. R., 1992. Cultura experimental do camarão de água doce Macrobrachium rosenbergii (De Man, 1879) em Israel, condições melhoradas para a monocultura intensiva. Bamidgeh 35, 31-37.

El-Sayed, A.M., 1994. Avaliação da farinha de soja, farinha de spirulina e farinha de miudezas de galinha como fontes de proteínas para alevins de dourada Rhabdosagus sarba. Aquaculture 127, 169-176.

Fátima, M., 1996. Índices de crescimento, valor nutritivo e significado químico do mexilhão verde. Tese de doutoramento, Instituto de Ciências Marinhas, Universidade de Karachi, Paquistão, 272 pp.

Felix, N., Sudharsan, M., 2004. Efeito da glicina betaína, um atrativo alimentar que afecta o crescimento e a conversão alimentar do camarão juvenil de água doce Macrobrachium rosenbergii. Aquac. Nutr. 10, 193-197.

Gitte, M.J., Indulkar, S.T., 2005. Efeito de dietas incorporadas com carne de peixe marinho no crescimento e sobrevivência de pós-larvas de Macrobrachium rosenbergii (De Man, 1879). Asian Fisheries Sci. 18, 323-334.

Gupta, A., Sehgal, H. S., Sehgal, G. K., 2007. Growth and carcass composition of giant freshwater prawn, Macrobrachium rosenbergii (De Man), fed different isonitrogenous and isocaloric diets. Aquac. Res. 38, 1355-1363.

Hara, T.J., 1992. Fish Chemoreception. Chapman and Hall, Londres, Reino Unido. 373 pp.

Hari, B., Kurup, B.M., 2001. Avaliação das fontes de proteínas disponíveis localmente para o desenvolvimento de alimentos para Macrobrachium rosenbergii nos viveiros de Kuttanad (S. Índia). In: Goddard, S., Al-Oufi, H., Mellwain, J., Claereboudt, M. (Eds.), Proceedings of 1st

International Conference on Fisheries, Aquaculture and Environment in the NW Indian Ocean, Sultan Qaboos University, Muscat, Sultanate of Oman, pp. 142-149.

Hari, B, Kurup, B.M., 2003. Comparative evaluation of dietary protein levels and plant-animal protein ratios in Macrobrachium rosenbergii (de Man). Aquac. Nutr. 9, 131-137.

Harpaz, S., Kahan, D., Galun, R., Moore, I., 1987. Respostas do camarão de água doce, Macrobrachium rosenbergii, a atractivos químicos. J. Chem. Ecol. 13, 1957-1966.

Harpaz, S., Steiner, J.E., 1990. Análise do comportamento alimentar induzido pela betaína no camarão Macrobrachium rosenbergii (de Man, 1879) (Decapoda, Caridea). Crustaceana 58, 175-185.

Harpaz, S., 1997. Aumento do crescimento de juvenis de camarão de água doce, Macrobrachium rosenbergii, através da utilização de um quimioatractor. Aquaculture 156, 221-227.

Heinen, J.M., 1980. Chemoreception in decapod crustacea and chemical feeding stimulants as potential feed additives. Proc. World Mari. Soc.11, 319-334.

Hindley, J.P.R., 1975. Efeito de factores endógenos e alguns factores exógenos na atividade do camarão-banana juvenil, Penaeus merguiensis. Marine Biol. 29, 1-8.

Hodekar, A.M.A., 2005. Rácios lípidos:hidratos de carbono e proteína:energia em dietas semipurificadas para pós-larvas de Macrobrachium rosenbergii (de Man, 1879). Tese de mestrado. Dr. Balasaheb Sawant Konkan Krishi Vidyapeeth. Dapoli, Maharashtra. 35 pp.

Holland, K.N., Borski, R.J., 1993. Um bioensaio de palatabilidade para determinar os estímulos de ingestão no camarão marinho Penaeus vannamei. Aquaculture 109, 153-164.

Huang, G., Shuanglin, D., Fang, W., 2005. Efeitos de diferentes regimes alimentares na atratividade e seletividade do camarão chinês, Fenneropenaeus chinensis. Journal of Ocean University of China 4, 56-60.

Indulkar, S.T., Belsare, S.G., 2001. Growth and survival response of Macrobrachium rosenbergii post-larvae to various indigenous feed ingredients. Applied Fisheries and Aquaculture 1, 61-66.

Janki Ram, K., Tripathi, S.D., 1992. A Manual on Freshwater Pearl Culture. Manual Series, Instituto Central de Aquacultura de Água Doce, Kausalyaganga, Bhubaneshwar, Índia, 44pp.

Janardhana Rao, K., Janki Ram, (1993). Dietas para larvas de Macrobrachium rosenbergii. In: Silas E. G. (Ed.), Freshwater Prawns, Universidade de Agricultura de Kerala, Thrissur, Índia, 222-228.

Joshi, V.V., 2004. Suplementação de alguns microrganismos na dieta prática de pós-larvas de Macrobrachium rosenbergii (de Man, 1879). Tese de Mestrado. Dr. Balasaheb Sawant Konkan Krishi Vidyapeeth, Dapoli, Maharashtra, 54 pp.

Juarez, L.M., Holtschmit, K.H., Salmeron, J.J., Smith, M.K., 1987. The effects of chemical and visual communication, space availability, and substratum colour on growth of the juvenile freshwater prawn Macrobrachium rosenbergii. J. Exp. Marine Biol. and Eco. 110, 285-295.

Kikuchi, K., Sakaguchi, I., 1997. O mexilhão azul como ingrediente da dieta de juvenis de solhajaponesa. Fish. Sci. 63, 837-838.

Kikuchi, K., Ueda, A., Sugita, H., Takeda, S., 2002. Effect of dietary inclusion of blue mussel extract on growth and body composition of Japanese flounder Paralichthys olivaceus. Journal of World Aquaculture Society 33, 41-47.

Lee, P.G., Meyers, S.P., 1996. Quimioatracção e estimulação da alimentação em Crustáceos. Aquac. Nutr. 2, 157-164.

Lee, P.G., Meyers, S.P., 1997. Quimioatracção e estimulação da alimentação. In: D'Abramo, L.R., Conklin, D.E., Akiyama, D.M. (Eds.), Crustacean Nutrition. Advances in World Aquaculture, vol. 6. The World Aquaculture Society, Baton Rouge, Louisiana, EUA, pp. 292-352.

Lindstedt, K.J., 1971. Controlo químico do comportamento alimentar. Comp. Biochem. Physiol. 39A, 553-581.

Lokare, K. V., Safuddin, A., 2000. Situação atual da criação de camarões em Maharashtra. In: Workshop nacional sobre aquacultura de camarão de água doce, 8-9 de fevereiro de 2000, Nellore, Andra Pradesh, 9.

Mackie, A. M., 1973. A base química da deteção de alimentos na lagosta Homarus gammarus. Mari. Biol. 21, 103-108.

Mackie, A. M., Adron, J.W., Grant, P.T., 1980. Chemical nature of feeding stimulants for the juvenile Dover sole, Solea solea (L.). J. Fish Biol. 16, 701708.

Mackie, A.M., Mitchell, A.I., 1985. Identificação de estimulantes alimentares gustativos para peixes - aplicações em aquacultura. In: Cowey, C.B., Mackie, A.M., Bill, J.G. (Eds.), Nutrition and Feeding in Fish. Imprensa académica, Londres, Reino Unido, pp. 177189.

Mearns, K.J., Ellingsen, O.F., Døving, K.B., Helmer, S., 1987. Feeding behaviour in adult rainbow trout and Atlantic salmon parr, elicited by chemical fractions and mixtures of compounds identified in shrimp extract. Aquaculture 64, 47-63.

Melacha, S. R., Buck, D. W., Baur, R. J., Onizaka, D. R., 1981. Policultura do camarão de água doce, Macrobrachium rosenbergii, da carpa chinesa e da carpa comum em tanques enriquecidos com estrume de suíno num ensaio inicial. Aquaculture 25, 101116.

Mendoza, R., Montemayor, J., Verde, J., 1997. Aminas biogénicas e feromonas como atractivos alimentares para o camarão de água doce Macrobrachium rosenbergii. Aquac. Nutr. 3, 167-173.

*Mendoza, R., Montemayor, J., Aguilera, C., Verde, J., Rodriguez, G., 2001. Atractores e estimulantes alimentares em alimentos práticos para o camarão azul L. stylirostris e o camarão de água doce M. rosenbergii. In: Devor, R. (Ed.), Aquaculture 2001: Book of abstracts. Sociedade Mundial de Aquacultura, Universidade Estadual de Louisiana, Baton Rouge, LA, EUA. p. 433.

Mitra, G., Chttopadhya, D.N., 2005. Nutrição e alimentação na criação de camarões de água doce (Macrobrachium rosenbergii). Aqua Feeds: Formulation and Beyond 2 I-1, 17-19.

Moller, T. H., 1998. Feeding behaviour of larvae and post larvae of Macrobrachium rosenbergii,

Journal of Experimental Marine Biology and Ecology 35, 251258.

Monteiro, S.D.M., Manissery, J.K., 2002. Crescimento e sobrevivência de Macrobrachium rosenbergii alimentados com dietas incorporadas com farinha de soja desengordurada. Actas do Workshop de Nutrição em Aquacultura (1995), pp. 1-6.

Montemayor, J., Mendoza, R., Anguilera, C., Rodriguez, G., 2002. Eficácia das moléculas sintéticas e dos extractos animais e vegetais como iscos para a captura do lagostim vermelho do pântano, Procambarus clarkii. Jornal de Aquacultura Aplicada 12, 65-78.

Montemayor, J., Mendoza, R., Anguilera, C., Rodriguez, G., (2005). Moléculas sintéticas e extractos animais e vegetais como atractivos alimentares para o camarão branco Litopenaeus vannamei. Revista AquaTIC, nº 22, 1-10.

Murthy, H. S., Pavadi, P., Shankar, R., Gatlin, D., 2006. Aumento do crescimento e da sobrevivência do camarão de água doce Macrobrachium rosenbergii através da utilização de um atrativo alimentar. Aquaculture America-2006, Resumo da Reunião da Sociedade Mundial de Aquacultura. http://www.was.org/ meetings/abstractdata.asp?abstract ID=9946.

Nair, C.M., Sherief, P.M., 1993. Effects of diets containing different proportions of clam meat and tapioca on growth of Macrobrachium rosenbergii. J. Aqua. Tropics 8, 239-244.

Natarajan, M., Gopal, C., Rangaswami, C.P., 2002. Estudos sobre a estimulação da alimentação por aminoácidos livres em juvenis de Penaeus monodon. In: Ayyappan, S., Jena, J.K., Mohan Joseph, M. (Eds.), The Fifth Indian Fisheries Forum Proceedings. Publicado por AFSIB, Mangalore e AoA, Bhubaneswar. pp. 85-87.

Niu, C., Lee, D., Goshima, S., Nakao, S., 2003. Effects of temperature on food consumption, growth and oxygen consumption of freshwater prawn Macrobrachium rosenbergii (de Man 1879) postlarvae. Aquac. Res. 34, 501- 506.

Ohsugi, T., Hidaka, I., Ikeda, M., 1978. Estimulação dos receptores gustativos e comportamento alimentar no baiacu, Fugu pardalis, II. Efeitos produzidos por misturas de constituintes de extractos de amêijoa. Chem. Senses and Flavour 3, 355-368.

Patil, D.W., 2004. Crescimento e sobrevivência de pós-larvas de Macrobrachium rosenbergii (de Man, 1879) com dieta prática contendo algumas enzimas. Tese de Mestrado. Dr. Balasaheb Sawant Konkan Krishi Vidyapeeth, Dapoli, Maharashtra, 53 pp.

Pittet, A.O., Ellis, J.C., Lee, P.G., 1996. Metodologia para a identificação e medição quantitativa de estimulantes químicos para camarões peneídeos. Aquac. Nutr. 2, 175-182.

Polat, A., Bekievik, G., 1999. A importância da betaína e de algumas substâncias atractivas como aditivos alimentares para peixes. CIHEAM-Options mediterraneennes. 217220.

Reigh, R.C., Stickney, R.R., 1989. Effects of purified dietary fatty acids on the fatty acid composition of freshwater shrimp, Macrobrachium rosenbergii. Aquaculture 77, 157-174.

Sawant, G.P., Singh, H., Sawant, N.H., Yusufzai, S.K.I., 2003. Bioenergetic studies on the fry of Liza parsia (Hamilton-Buchanan, 1822) using three different oil cakes. Indian Journal of Applied and Pure Biology 18, 169-178.

Shikhare, V.B., 2007. Efeito da inclusão na dieta de extractos animais no crescimento e sobrevivência de Penaeus monodon (Fabricius). Tese de mestrado. Dr. Balasaheb Sawant Konkan Krishi Vidyapeeth. Dapoli, Maharashtra. 75 pp.

Smith, D.M., Tabrett, S.J., Barclay, M.C., Irvin, S.J., 2005. A eficácia dos ingredientes incluídos nas rações de camarão para estimular a ingestão. Aquac. Nutr. 11, 263271.

Snedecor, G.W., Cochran W.G., 1967. Statistical methods, 6th ed. Oxford e IBH publishing Co., Nova Deli. 593 pp.

*Takii, K., 1994. Compostos estimulantes - aminoácidos. In: Harada, K. (Ed.), Chemical stimulants and feeding behavior of fish and shellfish (Japonês). Kouseisha Kouseikaku, Tóquio. 55-65.

Tandler, A., Berg, B.A., Killil, G.W., Mackie, A.M., 1982. Effect of food attractants on appetite and growth of gilthead seabream (Sparus aurata L.). J. Fish. Biol. 20, 673-681.

Toften, H., Jørgensen, E. H., Jobling, M., 1995. The study of feeding preferences using radiography: oxytetracycline as a feeding deterrent and squid extract as a stimulant in diets for Atlantic salmon. Aquac. Nutr. 1, 145-149.

Toften, H., Jobling, M., 1997a. Consumo de ração e crescimento do salmão do Atlântico, Salmo salar L., alimentado com dietas suplementadas com oxitetraciclina e extrato de lula. Aquac. Nutr. 3, 145-151.

Toften, H., Jobling, M., 1997b. Consumo de ração e crescimento do salvelino do Ártico, Salvelinus alpinus (L.) alimentado com dietas suplementadas com oxitetraciclina e extrato de lula. Aquac. Nutr. 3, 255-259.

Vasagam, K.P.K., Ramesh, S., Balasubramanian, T., 2005. Valor dietético de diferentes óleos vegetais no camarão-tigre preto Penaeus monodon na presença e ausência de suplementação de lecitina de soja: Efeito no crescimento, digestibilidade dos nutrientes e composição corporal. Aquaculture 250, 317-327.

Vasanthakumar G., Chanddrakasan G., Krishnan G., 1980. Um estudo comparativo da composição dos colagénios do pé de dois moluscos lamelibrânquios que ocorrem em diferentes habitats. J. Biosci. 2, 299-302.

Vasudevappa, C., Sivasankar, N., Patil, S.A., 1993. Crescimento do camarão de água doce Macrobrachium rosenbergii (de Man) alimentado com diferentes dietas formuladas. Actas do Terceiro Fórum Indiano das Pescas, 11-14 de outubro de 1993, Pantnagar, pp. 33-35.

Wilson, R.P., Cowey, C.B., 1985. Amino acid composition of whole body tissue of rainbow trout and Atlantic salmon. Aquaculture 48, 373-376.

Woods, A.E., Aurand, L.W., 1977. Manual de laboratório de química alimentar. The AVI Publishing Company, INC. pp. 1-77.

Zar, J.H., 2004. Biostatistical Analysis, Fourth edition, Tan prints (I) Pvt. Ltd., Delhi, India, 663 pp.

Zimmer-Faust, R.K., 1989. The relationship between chemoreception and foraging behavior in crustaceans. Limnol. Oceanogr. 34, 1367-1374.

Zimmer-Faust, R.K., 1991. Deteção química de sinal-ruído por lagostas espinhosas. Ferver. Bull.

181, 419-426.

* Não referido no original.

MIX
Papier aus verantwortungsvollen Quellen
Paper from responsible sources
FSC® C105338

Printed by Books on Demand GmbH, Norderstedt / Germany